Hille/Hille · Technikmotive auf alten Ansichtskarten

HORST UND FRANK HILLE

Technikmotive auf alten Ansichtskarten

Mit 145 Bildern

VEB FACHBUCHVERLAG LEIPZIG

Hille, Horst:
Technikmotive auf alten Ansichtskarten/Horst u.
Frank Hille. – 2. Aufl. – Leipzig: Fachbuchverl.,
1989. – 171 S.: mit 145 Bild.
NE: 2. Verf.:

ISBN 3-343-00123-6

2. Auflage
Lizenznummer: 114–210/55/89
LSV 3009
Verlagslektor: Helga Schmiedel
Gestaltung: Egon Hunger, Leipzig
Printed in GDR
Herstellung: Druckerei Volksstimme Magdeburg
Redaktionsschluß: 31. 7. 1988
Bestellnummer: 546 960 3
02800

Inhaltsverzeichnis

Hinweise für den Leser Die ausgewählten Ansichtskarten und Umschläge stammen zum größten Teil aus dem Besitz der Verfasser. Weitere konnten aus den Sammlungen *Hammer* (Schkeuditz), *Kleinau* (Dresden), *Nitzsche* (Leipzig), *Schlecht* (Leipzig), *Schollmeyer* (Leipzig) sowie vom Museum für Geschichte der Stadt Leipzig entliehen werden.

Hinter der Überschrift zu jeder Karte ist vermerkt, in welchem Jahr sie entstand oder verwendet wurde. Danach ist das Druckverfahren genannt. Es bedeuten

A Autochromdruck
E Echtphoto
F Photochromdruck
H Holzstich
K Kombinationsdruck
L Lichtdruck
R Rasterätzung (Autotypie)
S Steindruck (Lithographie)
T Tiefdruck

Für seine Hilfe beim Bestimmen der bei den einzelnen Karten angewandten Druckverfahren sei Herrn *Rolf Ihme*, Leipzig, herzlich gedankt, ebenso für viele wertvolle Anregungen Frau *Ursula Walter*, Museum für Geschichte der Stadt Leipzig, sowie Herrn Prof. Dr. *Horst Wolffgramm*, Martin-Luther-Universität Halle.

Horst und Frank Hille

Zur Einstimmung

Alte Ansichtskarten sind seit noch nicht sehr langer Zeit – schlagartig, beinahe über Nacht – zu begehrten Sammelgegenständen geworden, nachdem sie jahrzehntelang ein fast vergessenes Dasein geführt hatten. Oft wurden aus Unkenntnis wertvolle Stücke vernichtet, erhaltene verdanken ihre Existenz meist dem Zufall. Aber ist es nicht auch bei anderen «alten Dingen» so gewesen? Denken wir nur an Briefmarken, Bierseidel, Küchengeräte oder z. B. auch an Spielzeug. Woher nun auf einmal dieser Hang zum Alten? Ist es die schwerlich definierbare «Nostalgie»?

Sammler hat es zu allen Zeiten gegeben. Eine echte Massenerscheinung (nicht notwendigerweise Mode) tritt diesbezüglich aber erst seit einigen Jahrzehnten auf. Das ist sicherlich auch zurückzuführen auf gewachsenen Wohlstand und größeres Freizeitbudget (mit früher undenkbaren Möglichkeiten für Individualität und Weiterbildung), auf gestiegenes Geschichtsbewußtsein und Anspruchsniveau. Und auch die in vielen Bereichen versachlichte, nüchterne Umwelt hat vielleicht mit dazu beigetragen. Daß sich die Menschen unserer Zeit auf mannigfaltigste Art liebevoll-kritisch der Leistungen der Väter und Vorväter erinnern, ist gewiß kein schlechtes Zeichen. Es bewahrt vor unpassendem Schwelgen in Vergangenem, hilft das Heute mit seinen Errungenschaften besser zu bewerten und zu verstehen, setzt Maßstäbe für eigenes Handeln hier und jetzt.

Ansichtskarten spiegeln in ganz spezifischer Weise ihre Zeit wider. Sicher werden Kartenreproduktionen mit Darstellungen von technischen oder technologischen Motiven nicht nur unter Sammlern Liebhaber finden, dazu spielen Technik und Technikinteresse heute eine viel zu dominierende Rolle, und das nicht nur im Kindesalter.

Natürlich finden Sie im Hauptteil dieses Buches kein illustriertes «Techniklexikon». Es wurden nur einige wenige, sich einander zudem oft durchdringende Gebiete ausgewählt, die nicht mal «vollständig» – sozusagen von allen Seiten – dargestellt werden konnten. Das liegt vor allem daran, daß technische Dinge auf Ansichtskarten früher entweder so selten oder so häufig wie jetzt im Mittelpunkt standen. Versuchen Sie doch beispielsweise einmal, heute Ansichtskarten mit Abbildungen von Computern, Weltraumstationen, Umspannwerken, Supertankern oder Farbfernsehgeräten zu erhalten!

So werden Sie verstehen, daß es bei den vergleichsweise wenigen noch erhaltenen alten Ansichtskarten um so schwieriger sein muß, technische Motive zu finden. Andererseits hielten wir es für wert, Ihnen Sachzeugen vorzustellen, die n i c h t in Büchern, Zeitschriften oder Enzyklopädien publiziert wurden, sondern die als «Zutat» einer persönlichen Mitteilung dienten, demonstrierend, was man damals für wichtig fand, bildlich festgehalten, gekauft bzw. versandt zu werden.

Alle Freunde kleiner graphischer Meisterwerke (speziell bei den Lithographiekarten) sollen ebenso auf ihre Kosten kommen, wie an Technik Interessierte (und sei es womöglich an Details, die nur mit der Lupe erkennbar sind). In diesem Sinne könnte das Buch sogar als bescheidener Beitrag zur Geschichte der Entwicklung der Produktivkräfte bzw. zur Geschichte der Technik gelten. In den erweiterten Bildunterschriften wurden neben technischen Einzelheiten auch gesellschaftliche, ökonomische, naturwissenschaftliche oder ästhetische Hinweise aufgenommen, ohne alle Aspekte gleichermaßen berücksichtigen zu können. Vielfach liegt den Erläuterungen fast eine «Detektivarbeit» zugrunde.

Was die Zeit der zur Abbildung gebrachten Fabriken, Fahrzeuge, Maschinen usw. betrifft, so gehen wir von zwei Eckdaten aus. Das erste ist durch das Aufkommen der Ansichtskarten überhaupt gegeben und fällt etwa mit dem Beginn der sogenannten Gründerjahre zusammen, also in die Zeit der vollen Entfaltung der Produktivkräfte des Kapitalismus der freien Konkurrenz – begleitet oder ermöglicht u. a. durch zunehmende Mechanisierung, Elektrifizierung, Urbanisierung, verstärkten Handel. Das zweite wurde durch den Ausbruch des ersten Weltkrieges im August 1914 gesetzt, der – lange vorbereitet – einen Rückschlag friedlicher Technikentwicklung bedeutete.

Damit sollte das Anliegen dies reich bebilderten Buches knapp umrissen sein: Freude und vielleicht mitunter auch Erstaunen zu wecken an einst bahnbrechender, heute oft kurios erscheinender alter Technik im Kolorit des gesellschaftlichen Umfeldes.

«Verzeiht! es ist ein groß Ergetzen
Sich in den Geist der Zeiten zu versetzen.»
(Goethe: Wagner zu Faust)

Auch Ansichtskarten haben ihre Geschichte

Noch nicht einmal 120 Jahre ist es her, seit die erste Postkarte der Welt geschrieben und mit der Post befördert wurde: Ihr Geburtstag ist der 1. Oktober 1869, ihr Geburtsland Österreich, ihr Erfinder der Ministerialrat und ehemalige Hochschullehrer der Wiener Handelsakademie, Prof. Dr. *Emanuel Herrmann*. Zuvor hatte schon 1865 der deutsche Postrat und nachmalige Staatssekretär im Reichspostamt, Dr. *Heinrich v. Stephan*, ähnliche Vorschläge für ein – wie er es nannte – «Postblatt» unterbreitet, jedoch auf Betreiben des preußischen Generalpostdirektors abschlägigen Bescheid erhalten. Man war danach der Meinung, daß die für jeden Postzusteller oder für jedes Dienstmädchen des Empfängers lesbaren Nachrichten auf offener Karte «Tür und Tor für Unsittlichkeit und andere moralische Verfehlungen» öffneten. Daher wollte sich auch ein weiterer Neuerer, der Leipziger Bürger *F. Wilhelm Pardubitz*, bei seiner Eingabe an das Generalpostamt in Berlin, datiert vom 1. August 1868, ebenso wie anfänglich auch *Herrmann* darauf beschränken, auf solch einer Postkarte nur vorgedruckte Fragen beantworten zu lassen (beispielsweise nach dem Befinden). Berechtigterweise verfiel auch dieser Vorschlag der Ablehnung. Ungeachtet dieser Bedenken war die Correspondenzkarte – wie man sie in Österreich nannte – Wirklichkeit geworden. Sie ist ein Kind ihrer Zeit. Die aufblühende kapitalistische industrielle Produktion setzte bis dahin unbekannte und ungeahnte Kräfte frei, die mit Hilfe neuer Arbeitsmittel die Produktivität gewaltig steigerten. Das bereits 1748 von *Benjamin Franklin* geprägte Wort «Zeit ist Geld» («Time is money») kam besonders

Eine der ersten österreichischen Correspondenz-Karten, gestempelt 1873 in Marienbad, dem heutigen Mariánské Lázné

Ersttags-Briefumschlag, zum 75. Todestag von Dr. Emanuel Herrmann (1839 bis 1902), gestempelt am 2. 12. 1977

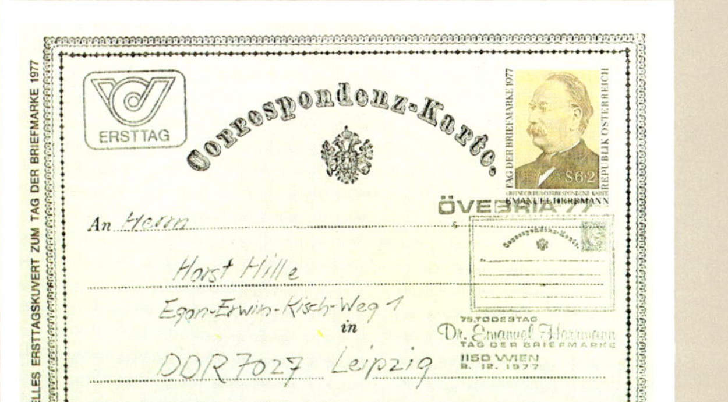

Bildpostkarte der ehemaligen Deutschen Reichspost zum 100. Geburtstag von Heinrich v. Stephan (7.1.)

intensiv zum Tragen, und ihm entsprach auf dem Gebiet des Schriftwechsels die Postkarte. Statt langatmiger Briefe im Geschäftsverkehr genügte nun eine kurze Mitteilung auf einer solchen Karte. Sogar das Öffnen des Briefumschlages ersparte sie. Übrigens: Selten konnte sich eine Neuerung so rasch und überzeugend durchsetzen. Alle Bedenken hinsichtlich der nicht mehr gegebenen Vertraulichkeit des Nachrichteninhalts zerstreuten sich schnell; denn für wirklich nicht für die Öffentlichkeit geeignete Dinge blieb der verschlossene Brief. So verbrauchten die Österreicher im ersten Vierteljahr 2,4 Millionen Postkarten. Sie wurden dann von der Postverwaltung des Norddeutschen Bundes am 1. Juli 1870 eingeführt; andere Länder warteten nicht lange.

Fast zeitgleich mit der Correspondenz- oder Postkarte kam die Ansichtskarte in Gebrauch. Die erste entstand nur wenige Monate nach der Einführung der Correspondenzkarten. Über ihre Erfindung gibt es keine eindeutigen Aussagen. Einmal wird ein Serbe, *Peter Manojlowic*, genannt. Er versah 1870 eine gewöhnliche Postkarte (Correspondenzkarte) mit einer Drachenzeichnung und schickte sie in dieser Form auf ihren Weg. War das nun schon eine richtige Ansichtskarte? Andererseits entsteht die Frage, ob man eine Schöpfung des Hofbuchhändlers *August Schwartz* aus Oldenburg als Ansichtskarte ansehen soll. Er hatte am 16. Juli 1870 – dem Mobilmachungstag in Preußen zum Deutsch-Französischen Krieg (1870/1871) – eine

Correspondenz-Karte der Postverwaltung des Norddeutschen Postbezirks, gestempelt 1871

Sonderkarte von der Internationalen Ausstellung illustrierter Postkarten mit einer Würdigung von F. Wilhelm Pardubitz (rechts das alte Leipziger Grassimuseum am heutigen Wilhelm-Leuschner-Platz)

Correspondenz-Karte des Norddeutschen Postbezirks (Postgebiets) mit dem Bild eines Artilleristen beim Laden einer Kanone als kleine Strichzeichnung auf der Anschriftseite bedruckt. Bald fand er Nachahmer seiner Idee, zunächst vor allem mit kriegerischen Darstellungen auf Feldpostkarten.
Eine Geburtstagsglückwunschkarte fertigte der Student *Ludolf Parisius* 1871 in Göttingen. Die ersten richtigen Ansichtskarten nach heutigen Begriffen – die also das Bild nicht auf der Anschriftseite der Postkarte tragen, sondern bei denen es die ganze oder halbe rückseitige Fläche einnimmt – erfand 1872 der Nürnberger Kupferstecher *F. Rorich* mit dem Bild des Mohrenturmes in seiner Stadt. Auch der Verleger *J. H. Locher* brachte eine Karte mit der Ansicht seines Wohnortes Zürich heraus.
Der genannte Buchhändler *Schwartz* druckte dann nach dem Rorichschen Vorbild eine Ansichtskarte mit dem Bild der Schneekoppe. 1874 erzeugte die Graphische Kunstanstalt *Christoph H. Heesch* in Flensburg eine Karte mit der Rudelsburg. Lawinenartig stieg nun die weitere Produktion der Ansichtskarten, und ganze Serien ließ man erscheinen. *Schwartz* brachte 1875 eine solche mit 25 Bildern von der Nordsee und ein Jahr später mit ebensovielen vom Rheinland heraus. Eine sicher lückenhafte Liste nennt weitere Verleger: *Zwenner* (München), *Lange* (Göttingen), *Miesner* (Berlin), *Pinkau* (Leipzig) und *Tuck* (London). Die nach z. T. künstlerisch primitiven Holzstichen entstandenen Karten erfuhren bald in Darstellung und Drucktechnik viele Verbesserungen. Auch entwickelte sich der Ansichtskartendruck zu einem eigenständigen Industriezweig, indem sich einige Druckanstalten auf ihn spezialisierten.
Hierbei wurden alle Arten von Druckverfahren eingesetzt, angefangen vom Buchdruck, der ein Hochdruckverfahren ist. Hier drucken die auf der Platte hochstehenden Teile. Dies können Strichätzungen nach Holzstichen (H) oder Federzeichnungen ebenso sein wie gerasterte Platten,

Kongreß der Liebhaber von Ansichtskarten, («Philokartisten»), 1910

die sogenannten Rasterätzungen (Autotypien). Ein Bild wird dabei in winzige Punkte zerlegt, die größer oder kleiner sind und so – aus kurzem Abstand betrachtet – unterschiedliche Grauwerte vortäuschen (R). Tiefdruckplatten (T) erhalten ein Bild je nach seinen Tönungen mehr oder weniger tief eingeätzt. Das Druckpapier saugt sich dann die Farben aus den Vertiefungen heraus – dunkle Töne aus tieferen, helle Töne aus flacheren Plattenstellen. Ansichtskarten in Tiefdruck sind in der hier behandelten Zeit noch selten. Schließlich gibt es noch die verschiedensten Flachdruckverfahren. Revolutionierend wirkte hier die Lithographie in Steindruck (S). Sie wurde Anfang des 19. Jahrhunderts durch *Alois Senefelder* (1771 bis 1834) erfunden. Als Offsetdruck hat die Flachdrucktechnik heute große Bedeutung gewonnen. Der Druckstock bestand bei der Lithographie zunächst nur aus Stein (am besten geeignet Solnhofener Kalkschiefer, Fränkische Jura). Gezeichnet wird mit fetthaltiger Kreide oder fetthaltiger Tusche. Durch Ätzen läßt sich die Zeichnung auf der geschliffenen Oberfläche fixieren. Dann färbt man die Platte unter ständigem Feuchthalten ein, wobei die nichtfetthaltigen Stellen keine Farbe annehmen können. Später (1904) wurde der unhandliche Stein durch leichtere Zinkplatten ersetzt.

Ein kombiniertes Druckverfahren ist der Autochromdruck (A). Hierbei wird eine Ansichtskarte zunächst im Buchdruck als Rasterätzung, also in abgestuften Grautönen, gedruckt und danach in einigen Druckgängen – meist drei bis vier – im Steindruckverfahren farbig überdruckt, wodurch man einen Mehrfarbendruck simuliert. Ein anderes Kombinationsdruckverfahren (K) nutzt für den schwarzen Unterdruck das Lichtdruckverfahren, während die Farbe wiederum in Steindruck aufgebracht wird. Außerdem ist noch der Photochromdruck (F) zu nennen. Hier wird der schwarze Untergrund photographisch hergestellt, und die Farben erhält das gedruckte Bild in bis zu 12 (!) Steindruckgängen hinzugesetzt.

Die erste Lichtdruckkarte nach Photoaufnahmen fertigte 1879 der Zittauer Photograph, *Adolf*, an. Lichtdruck (L) – erfunden von *Joseph Albert* (1825–1886), nach ihm auch Albertotypie genannt – ist ebenfalls ein Flachdruckverfahren, das auf Verwendung einer mit lichtempfindlicher Chromgelatineschicht versehenen Glasplatte als Druckfläche beruht. Wie bei der Lithographie bildet das gegensätzliche Verhalten von Fett und Wasser die Grundlage. Belichtet man die Chromgelatineschicht durch ein Halbton-Negativ, so verliert die feine Körnung (Runzelkorn) der Schicht die Fähigkeit, im Wasser zu quellen. Danach lassen sich die nicht belichteten, also die quellbaren Teilchen herausspülen, wobei ein feines Relief entsteht. Druckfarbe wird an den belichteten Stellen (die feucht zu halten sind) nicht angenommen, so daß ein Positivdruck entsteht. Dabei ist die Körnung so fein, daß sie mit bloßem Auge nicht wahrnehmbar ist und man einen Lichtdruck leicht für ein Photo hält.

Lithographien (Steindrucke) sind – oft in Form der bunten «Gruß aus ...» -Karten – unter Sammlern heute ganz besonders begehrt, vor allem die aus den Anfangsjahren. Leider fehlen die entsprechenden Jahresangaben auf den Karten fast stets. So kann man zumeist nur bei postalisch gelaufenen Sendungen anhand der Poststempel oder einer handschriftlichen Datumsangabe eine zeitliche Einordnung vornehmen. Wobei zu berücksichti-

Eine der ältesten Ansichtskarten, geschrieben 1887 und gestempelt in Bad Kösen

gen ist, daß selbst frühe, sehr einfache Drucke noch bis ins 20. Jahrhundert hinein benutzt wurden. Als ausgesprochene Raritäten gelten unter Sammlern alle Karten, die in den 70er Jahren des vorigen Jahrhunderts hergestellt sind. Dabei sollte man auf Exemplare achten, die die Briefmarke nicht aufgeklebt, sondern eingedruckt haben. Philatelistisch spricht man dann von einer «Ganzsache», die von Spezialisten besonders geschätzt werden. Auch Sonderstempel usw. kann man auf alten Postkarten entdecken – darunter seltene Stücke.

Bei Ansichtskarten, die nur photographische Abzüge (E) sind, findet man gar nicht selten auch Photomontagen. Besonders bei Darstellungen, die man phototechnisch seinerzeit noch nicht bewältigen konnte, sind sie häufig. Man kopierte z. B. Luftfahrzeuge (Zeppeline, Flugzeuge) in den Himmel ein, und im Vordergrund werden riesige Personenmengen «vorgesetzt», deren Blickrichtung (z. B. zum Zeppelin in die Lüfte) allerdings meist nicht stimmt, so daß die Montage leicht festzustellen ist.

Der rasche Siegeszug der Ansichtskarten erklärt sich leicht aus der Tatsache, daß mit enorm steigender Produktivität eine begüterte Menschengruppe – vor allem das aufstrebende Bürgertum, also Unternehmer und Aktionäre, Besitzer größerer Handwerksbetriebe, auch Adel und Großgrundbesitz sowie höhere Militärs und Rentiers – in der Lage waren, Urlaubs- und Vergnügungsreisen im bis dahin nicht üblichen Ausmaß anzutreten. Auch waren die Reisen durch verbesserten Verkehrskomfort in der Eisenbahn und auf Schiffen viel weniger beschwerlich als zuvor in Kutschen bei Fahrten «über Stock und über Stein». Schaut man sich heute die Gästelisten aus damaligen Badeorten an, dann läßt sich leicht nicht nur der Beginn der (ersten) großen Urlaubswelle feststellen – er liegt etwa bei 1820 –, sondern auch nachlesen, welche sozialen Schichten der Bevölkerung damals Bade- oder Kurgäste waren. Wir finden sie unter denjenigen, die leicht ein paar Wochen ohne

Foto-Ansichtskarte mit Montagen: Außer dem Porträt des Grafen Zeppelin sind Luftschiff, Fahnen und Menschen einkopiert

eigene Arbeitsleistung finanziell überstehen und Reisen oder Urlaub genießen konnten. Diese Oberschicht, dabei auch Ärzte, Wissenschaftler, begüterte Beamte, hatten das Bedürfnis – nicht selten war es das «Geltungsbedürfnis» –, ihre Bekannten oder Geschäftspartner wissen zu lassen, daß man sich da und dort zur Erholung aufhielt, daß man diese oder jene Reise mit dem Schiff oder der Bahn unternommen habe. Ein ebenso einfaches wie preiswertes und dabei durchaus schickliches Mittel dazu war ab 1870 die Ansichtskarte.

Von den Motiven her boten sich in erster Linie Landschafts- und Städtebilder an. Als weitere Themen wurden gewählt: Historisches, Kunst, Liebe, Soldaten- und Studentenleben, Trachten, Blumen, Scherzdarstellungen – oft sehr drastische dabei. Außerdem gab es Sonderkarten zu Ereignissen, wie Ausstellungen oder Jubiläen. Häufig begegnen dem Sammler patriotische Darstellungen – nach heutigen Begriffen meist recht kitschige und chauvinistische – sowie Porträts von Herrschern.

Die Hersteller der Karten ließen sich verschiedenste Besonderheiten einfallen: Leporello-Karten mit in eine Tasche eingearbeiteten, ziehharmonikaartig ausdehnbaren Kleinbild-Serien; Prägekarten und solche, bei denen ein Nachteffekt eintritt, wenn man sie gegen das Licht hält (Mond und Fenster von Gebäuden oder eines Schiffes scheinen rötlich). Oder aber in ausgesparten Flächen des Kartenbildes lassen sich beim Halten gegen das Licht noch irgendwelche weiteren, oft amourösen Darstellungen erkennen. Eine andere Art waren «Wehrt's Metachromkarten», deren Bild eine schwach durchscheinende rauhe Schicht trug. Auf ihre Fläche konnte man mit Bleistift seinen Text aufschreiben. Hatte ihn der Empfänger gelesen, dann sollte er die Karte ins Wasser geben, wobei sich die Schicht auflöste und das Bild freigab. Ferner erdachte man Karten, die durch Umklappen einzelner, raffiniert gefalteter und ausgestanzter Teile etwa vier Bilder zu kombinieren gestatteten. Andere Karten hatte man mit Glimmer oder zarten Rüschen «verschönert». Auch dünnes Holz oder Leder diente als Grundmaterial für Ansichtskarten, oft in außergewöhnlichen Formen gestanzt.

Und später? Zunächst machte die Post der Ansichtskartenindustrie Konkurrenz, indem sie ab 1923 in der Schweiz und ab 1925 auch in Deutschland sogenannte Bildpostkarten herausbrachte. Das waren mit einem Wertstempel versehene Postkartenvordrucke, die auf der linken Kartenhälfte noch einen bildlichen Zudruck, meist eine

Scherzpostkarte mit allerlei Verkehrstechnik, wie man sie sich für das Jahr 2000 am Leipziger Scherbelberg (einem alten Trümmerberg) vorstellte

Maximumkarte aus der ČSSR, Automobile aus dem Jahre 1905 zeigend: auf der Karte und auf der Marke oben links ein Wagen mit Baldachin, auf der Marke rechts ein Coupé – beide Modelle erinnern noch stark an Pferdekutschen.

Landschaft oder eine symbolische bzw. allegorische Darstellung, hatten. Dieser Bildzudruck kostete nichts zusätzlich (es war nur der Portobetrag zu zahlen), und daher kam die Bestimmung heraus, daß derartige Bildpostkarten niemals in jenem Postort verkauft werden sollten, dessen Bild sie zeigten – die Ansichtskartenindustrie hatte dagegen protestiert. Bildpostkarten oder private (mit amtlichem Wertstempel) gibt es heute noch. Ebenso wurden in jüngerer Zeit sogar Schallplattenkarten sowie Karten mit plastischen Bildern (3-D-Karten) und ähnliche Spielereien hergestellt. Die meisten Sammler sind aber der Meinung, vor allem die klassische alte Ansichtskarte könne ästhetisch hochgespannte Erwartungen erfüllen, weil die Schönheit der alten Lithographien – trotz aller heutigen farbigen und unüberbietbar detailgetreuen Hochglanzkarten – nie wieder erreichbar sei. Zwar gibt es Nachdrucke alter Stücke (farbig oder schwarzweiß), aber es sind eben Nachdrucke.

Schließlich sei noch auf eine Sammelform aufmerksam gemacht, die bei manchen Philatelisten Mode wurde: Maximaphilie, das Sammeln von Maximumkarten. Das sind Ansichtskarten, die bildseitig eine motivgleiche Briefmarke aufgeklebt tragen, die wiederum mit einem zugehörigen Stempel (passender Ort, Sonderstempel für das dargestellte Ereignis) entwertet ist. Solche Karten nennt man auch analogische Karten (Karten- und Markenbild sowie Stempel sind analog).

Ausgewählte Technikmotive

Produktionsstätten

Jegliche Produktion ist das Ergebnis menschlicher Arbeit. Das Ziel der Herstellung von Gütern besteht im Befriedigen menschlicher Bedürfnisse. Die wichtigsten Produktivkräfte sind dabei die Menschen selbst (mit ihren Arbeitsmitteln). So wurden an den Beginn des Hauptteils des Buches arbeitende Menschen gestellt, und zwar jene, die vielleicht den schwersten und gefahrvollsten aller Berufe ausüben: Bergarbeiter, die mit Hilfe von immer vollkommeneren Werkzeugen (Arbeitsmitteln) unserer Mutter Erde unverzichtbare Rohstoffe wie Kohle, Erze oder Salze abringen. Aus ihnen und noch vielen anderen Naturstoffen – vor allem auch aus Erdöl bzw. -gas – werden weitere Produkte erzeugt, finden neue Produktionsprozesse statt. Diese und ihre Ergebnisse bilden jene Motive, die auf den folgenden Seiten dargestellt werden sollen. Wir versetzen uns dabei in eine Zeit, da verspielte Eisenkonstruktionen – z. T. in gotischem Stil – bei Bahnhofshallen oder im Brückenbau hoch in Gunst standen, da unruhig flackernde Gaslaternen vor Opernhäusern vorfahrende Equipagen oder erste Autos beleuchteten, benutzt von der «Hautevolee», die jene Zeit als ihre «Belle Epoque» ansah; sicher nicht ganz zu Unrecht, stiegen doch manche damals z.B. durch Unternehmensgründungen auf der sozialen Leiter empor, getragen von der Welle des technischen Fortschritts. Die Gründerjahre ließen einerseits eine relativ breite Wohlstandsschicht entstehen, bildeten andererseits aber auch – wenn man will – die Grundlage für das Wirken des Meisters *Zille,* der dem bourgeoisen Glanz das freudearme proletarische Milieu gegenüberstellte. Am politischen Horizont drohte die dunkle Wolke des ersten Weltkrieges, eines Kampfes um die Neuaufteilung der Welt – an des Kaisers Gloriole nagte unaufhaltsam der Rost. (Etwa 1900 – L)

Serie Bergbau.
Grosse Gesteinsbohrmaschine vor Ort.

Collection du Photo-Club. — Ch. Martet, édit, Le Creusot.

20. — *Le Creusot.* - Usines Schneider. - Le plus gros Laminoir du monde. - Lingot de 50.000 kos sortant du four.

Le Creusot (1906 – L) Was die Werke von *Krupp* für Deutschland bedeuteten, war *Joseph-Eugéne Schneider* in Le Creusot für Frankreich. Auf der Karte werden die Schneiderwerke als Herberge des größten Walzwerkes der Erde bezeichnet. Die Stadt Le Creusot im Departement Saône-et-Loire und Arrondissement Autun hatte 1846 4012 Einwohner; 1872 bereits das Fünffache. Das 1837 durch *Schneider* und Komp. gegründete Werk erstreckte sich 1875 über 312 ha und beschäftigte 15500 Arbeiter. Zehn Schächte förderten damals 715000 t Kohle, zehn Hochöfen erschmolzen 180000 t Roheisen im Jahr. Ähnlich wie in anderen Großbetrieben hatten sich analoge Daten bis zur Jahrhundertwende vervielfacht. Ebenso wuchsen die zur Bearbeitung kommenden Werkstücke. Auf der Karte ist eine 50-t-Platte zu sehen, die zum Schmieden oder Walzen in einem Glühofen erhitzt und nun mit einem Spezialkran weiterbefördert wird. Das Walzen solcher Platten, die um 1900 schon bis zu 90 t gegossen wurden, verlangte Antriebsmaschinen von beispielsweise 3500 PS (2573 kW). *Schneider* erwarb sich auch mit der Herstellung von Panzerplatten zweifelhaften Ruhm. Um 1875 wurden Panzerplatten aus vielen Puddeleisenstücken zusammengewalzt und verschweißt. Über eine Reihe von Zwischenstadien wuchsen dann Stücke bis zu 15 t Endmasse heran. In Le Creusot gelang es um 1885 erstmals, Nickelstahlplatten mit damals noch unbekannter Festigkeit herzustellen. Später erreichte man durch Einbringen von Kohlenstoff in die Plattenoberflächen noch größere Härten, die Armeeführung konnte zufrieden sein.

Gußstahlfabrik (1904 – S) Die ungewöhnliche Doppelkarte (der Absender klebte die Briefmarke etwas über den Rand herum, so daß das Aufklappen der Karte während der Postbeförderung verhindert wurde) entspricht der Größe des «Montanimperiums» der *Krupps*. Die Werke fungierten bekanntlich auch als «deutsche Waffenschmiede» und lösen diesbezüglich viele ungute Erinnerungen beim Betrachten der sorgsam gezeichneten Ansichtskarte aus. Nach den «bescheidenen Anfängen» beschäftigte die *Friedrich Krupp* AG, Essen (Ruhr), im Jahre 1910 knapp 69000 Menschen. Der zentralen Gußstahlfabrik in Essen (Ruhr) waren noch Schießplätze in Essen, Meppen und Tangerhütte sowie Außenverwaltungen zugeordnet; so die Kohlenzechen von Sälzer und Neuack in Essen (der auf der Karte rechts erkennbare achteckige Turm mit der maritim anmutenden Verspannung auf dem Dach könnte der Wetterschacht ebengenannter Zeche sein), Hannover in Hordel bei Bochum, Hannibal in Hordel-Eickel bei Bochum, mehrere Eisenerzgruben in Deutschland und Beteiligung an nordspanischen Minen, die mittelrheinischen Hüttenwerke mit der Mülhofener Hütte bei Engers, die Hermannshütte bei Neuwied, die Saynerhütte bei Sayn und schließlich eine Reederei mit eigenen Erzdampfern in Rotterdam. Hinzu kamen weitere Zweigniederlassungen, nämlich die Friedrich-Alfred-Hütte in Rheinhausen-Friemersheim, das Stahlwerk Annen in Westfalen, das Grusonwerk in Magdeburg-Buckau und die Germaniawerft in Kiel-Gaarden.

Allein 1909 gab es z.B. in der Gußstahlfabrik 569 Dampfmaschinen, 2690 Elektromotoren,

909 Kräne, 82 hydraulische Pressen, 18 Walzwerke, 192 Maschinenhämmer sowie 435 Dampfkessel. Natürlich ermöglichten erst technische Spitzenleistungen (wie die berühmten, zum Kruppschen Firmensignet führenden nahtlosen Eisenbahnradreifen oder der «Stammvater» aller rostfreien Stähle, der legendäre V2A-Stahl) und scharf bilanzierte Betriebsführung die große Ausdehnung des Unternehmens. Bekannt wurde *Krupp* zunächst durch den Gußstahl, den er gegen 1814 nacherfand (vor ihm ein Belgier). Durch ein besonderes Tiegelverfahren wurden sämtliche Schlacken ausgetrieben; als Rohstoff diente bereits guter Schweißstahl, der unter Luppenhämmern seine Zusammensetzung erhielt. Die Tiegel selbst faßten nur etwa 40 bis 50 kg Stahl. Für den Guß von Werkstücken zu 50 t mußten also in rascher Reihenfolge mindestens 1000 Tiegel zur Form geführt und binnen einer halben Stunde über den Gußöffnungen entleert werden. Die Tiegel aus einer speziellen Keramik wurden nur ein einziges Mal verwendet. Mit Walzen, Schmieden oder spanabhebend verarbeitete man die Gußstücke weiter. Das Werk übernahm für seine Eisenbahnstahlachsen eine Zehnjahresgarantie und zahlte bei Bruch 45000 Mark Entschädigung. Auf der Karte sind Hochofenanlagen nicht zu erkennen; sämtliches Eisen wurde mit der Eisenbahn der Gußstahlfabrik zugeführt und dort zu Stahl «gekocht». Um 1900 waren in der Gußstahlfabrik etwa 20 Konverter, vier Martinofenanlagen und über 70 Puddelöfen am Rauchschleier über Essen beteiligt. In Krupps Villa «Hügel» hoch über der Ruhr war davon weniger zu spüren.

Walzwerk (etwa 1910 – L) Es war kein Riese unter den Hütten von damals – das Walzwerk Peine im Hannoverschen. Seine auf der Karte nicht dargestellten Walzgerüste dienten einerseits dem Auspressen von Schlacken aus dem Rohling, vor allem aber der Herstellung von Halbzeug (Bleche, Rohre, Schienen usw.). Schon frühzeitig wurden Gießereien und Walzwerke gekoppelt, um Wärmeverluste zu vermeiden. Speziell der Bedarf an Eisenbahnschienen (gußeiserne Kurzschienen hatten sich nicht bewährt) förderte die Walztechnik und differenzierte sie zugleich. Prinzipiell läuft beim Warmwalzen ein glühender Rohling durch gegenläufig rotierende Walzen und wird dabei gestreckt. Mit geeigneter Formgebung der Walzen lassen sich mannigfaltige Profile erzeugen, freilich erst nach mehreren Durchläufen unter allmählichem Erkalten des Walzgutes. Man ersann daher verschiedene Walzenanordnungen, wie das originelle Pilgerschrittverfahren (Pilgerschritt – zwei Schritte vor, einer zurück). Bei ihm hatten die Walzen veränderliche Dicken am Umfang und gaben daher den Rohling periodisch kurz zum Zurückziehen frei. Dieser wurde in einem einzigen «pilgerndem» Durchlauf fertig geformt. Die Krönung aller Walztechnik war sicher die Herstellung nahtloser Rohre mit Dorn und gegeneinander schräggestellten konischen Walzen durch *Mannesmann*. Der Block verdrillte sich förmlich von außen und riß innerlich auf – genial, wie einfach!

Maschinenhalle (etwa 1900 – A) Das Bemerkenswerteste an dieser sehr sauber aussehenden Maschinenhalle ist gewiß die sinnverwirrende Ansammlung von Wellen, Scheiben und zahllosen Transmissionsriemen. Der Riemenantrieb bot damals nahezu die einzige Möglichkeit, die Energie großer stationärer Dampfmaschinen (später auch mächtiger Elektromotoren) an die einzelnen Hobel- und Drehmaschinen, Fräsapparate, Bohrwerke usw. zu bringen. Auf Scheiben mit leicht konvexer Auflagefläche liefen Leder- oder Guttaperchariemen mit Hanfeinlagen bzw. geteerte Hanfbänder. Mit Gabelmechanismen konnten die Riemen auf leerlaufende oder Stufenscheiben gedrückt werden, um die Maschinen abzuschalten oder andere Drehzahlen zu wählen. Wenn auch der Riemenantrieb in Einzelfällen wie eine schützende Rutschkupplung wirkte, waren doch der unvermeidliche Schlupf, die große Unfallgefahr, die Behinderung für Kräne, der Zwang der präzisen Anpassung der Maschinen an das Transmissionssystem der Halle, die Sichtbehinderung usw. mehr als lästig. Bevor man zum Elektromotoreinzelantrieb kam, entflocht man zunächst das Transmissionengewirr durch die Aufstellung mehrerer stationärer Elektromotoren, die dann nur noch relativ wenige Maschinen zu versorgen hatten. Nach dem ersten Weltkrieg veraltete der Riemenantrieb moralisch wie technisch mehr und mehr; für Spezialzwecke freilich ist er auch heute noch unübertroffen (z.B. als Keilriemen für Auto oder Tonbandgerät, auch als Weiterentwicklung zum Zahnriemen).

Papiermaschinenfabrik (1897 – S) Um 1850 setzte im polygraphischen Gewerbe ein beachtlicher Aufschwung ein. Gefragt waren daher rationelle Verfahren sowie leistungsfähige Maschinen für Papierproduktion, Druck und Buchbinderei. In Leipzig, seit langem Zentrum des deutschen Buchhandels, entstand nun auch eine polygraphische Industrie von Weltgeltung. Die seltene Konzentration von renommierten Verlagen, Druckereien, Papier-, Druckfarben-, Buchbinderei-, Setz- und Druckmaschinenfabriken, der forcierte Einsatz bzw. die Erfindung neuer Verfahren (z. B. Schnellpressen, Offsetmaschinen, Fadenheftmaschinen, Monotypesetz- und Gießmaschinen) sowie spezialisierte Ausbildungsstätten machten die Stadt als Standort der Weltausstellung für Buchgewerbe und Graphik (1914) besonders geeignet. Bereits vier Jahre nach Gründung seiner Firma begann z. B. *Karl Krause* mit dem Export von Schneidemaschinen (1859). Zu seinem Produktionsspektrum gehörten außerdem Einsäge- und Rückenrundmaschinen, Präge- sowie andere Pressen, Perforiermaschinen, Kalander. (Auf der Karte sind im kleinen Teilbild etwa vier Meter hohe Gerüste mit seitlicher Leiter zu sehen). Das Motto «Die ganze Welt ist mein Feld» war für damalige Zeiten nicht ganz unberechtigt, unterhielt doch die Firma umfangreiche Exportverbindungen mit Europa – speziell mit Österreich und Rußland – sowie Übersee. Der Produktionsausstoß von täglich etwa zehn Spezialmaschinen (1892) war für den relativ kleinen Betrieb beachtlich.

Kalander-Montage (etwa 1900 – A) Aus der Palette von Maschinenbauerzeugnissen der Jahrhundertwende ist hier der Kalanderbau gewürdigt. Ein Kalander (a. d. Franz. calandre; Rolle, Mangel, Glättmaschine) ist ein System mit bis zu 18 Walzen, die bei der Produktion von Papier und Textilien (heute auch Plasten) Glanz bzw. Strukturen (Appretur) erzeugen. Einige der Walzen sind hart und unelastisch, die anderen – die Gegenwalzen – in gewissem Grade nachgebend. Für letztere benutzt man Papier- oder auch Baumwollwalzen, z.B. in Form von auf einer Achse aufgebrachten Papierbahnen oder Pappscheiben, die stark zusammengepreßt und danach in einer Drehmaschine exakt rund bearbeitet werden. Die harten Walzen bestehen aus Gußstahl, die zum Betrieb beheizt werden. Das geschieht durch Heißdampf, heute auch elektrisch, oder durch eingeschobene Glührollen. Der Druck, mit dem die Walzen gegeneinander arbeiten, beträgt mehr als 100 at (etwa 10 MPa). Mit den Walzen wird das Papier geglättet, wobei im Friktionsbetrieb (eine Walze läuft schneller) die Glätte durch Reibung entsteht. Zum Erzeugen von Mustern dienen Prägewalzen. Damit sich beim Kalandern von Geweben keine Falten bei der Zuführung bilden, läßt man die Gewebebahn zwischen viereckigen Stäben zickzackförmig hindurchlaufen. Bei einem 5-Walzen-Kalander ist die mittlere Walze beheizt; oberhalb und unter ihr laufen je eine elastische Walze, ganz oben und ganz unten wieder Metallwalzen (nicht beheizt).

Zuckerfabrik (1914 – L) In Zuckerfabriken traf man um die Jahrhundertwende eine bereits fast vollautomatische Verarbeitung der Zuckerrüben an, Ergebnis erbitterter Konkurrenzkämpfe, in denen ein Mehrgewinn von Zehntelprozenten Zucker aus einer Rübenmenge schon entscheidend war. Die Rübenkampagne begann (wie auch heute noch) Ende September und mußte schnell beendet werden, weil im Dezember der Zuckergehalt der Rüben bereits merklich zurückgeht. So rollte in dieser Zeit täglich rund um die Uhr das Rohmaterial in die Magazine. In Waschtrommeln oder Schwemmen wurden die Rüben gereinigt, auf Sieben getrocknet, um dann zur Weiterverarbeitung zu kommen: Schnitzelmaschinen zerhackten die Früchte in millimeterdünne Scheibchen, die über Elevatoren in Diffusionsbatterien gelangten, ringförmig angeordnete Kessel von Stockwerksgröße. Im komplizierten Gegenstromverfahren wurden hier die Schnitzel ausgelaugt, wobei die «Diffuseurs» im Rhythmus einiger Stunden zyklisch neu beschickt und umgeschaltet wurden. Der gewonnene heiße Saft erfuhr Klärung (durch Kalk), Reinigung sowie Filtration und dann unter zunehmendem Vakuum in imposanten Mehrstufenapparaten seine Konzentration bzw. Eindickung. Der schließlich in Eisenkästen auskristallisierte Zucker wurde in Brechmaschinen zerkleinert und in Zentrifugen vom Sirup befreit, um schließlich Raffinadefabriken zugeführt zu werden. Die Rückstände, von den Rübenschnitzeln bis zur Melasse, fanden als noch weiter entzuckerbare Substanz oder als Viehfutter Verwendung. – Rohrzucker wird technologisch ähnlich gewonnen.

Branntweinfabrik (etwa 1905 – S) Branntweinfabriken, volkstümlich auch als Schnapsbrennereien bezeichnet, fanden sich als Vorboten industriemäßiger Anlagen auf dem flachen Lande in großer Anzahl. Hier eine Abbildung einer städtischen Fabrik, in der sicher nicht nur Trinkbranntweine, sondern auch technische oder medizinische Alkohole produziert wurden. Die Branntweinfabrikation gleicht in vielem der des Bieres, nur daß hier die zucker- bzw. stärkehaltigen Ausgangsstoffe weitaus mannigfaltiger sind (Getreide, Kartoffeln, Rüben, Wein (!), Obst, Zuckerrohr usw.). Vor allem zunehmende Kenntnisse über Gärungsprozesse sowie das Erfinden leistungsfähiger Großtechnik (z. B. Kältemaschinen, Pumpen für dicke Flüssigkeiten, Aufzüge, tragfähige Deckenkonstruktionen) erlaubten es Spezialfirmen, komplette Brennereien zu liefern. Diese waren den jeweiligen Ausgangsstoffen bereits angepaßt und dank ausgefeilter Verfahren auch «unternehmerfreundlich», wurde doch die Spritfabrik nach dem Volumen der Maische besteuert. Schon eine Kurzbeschreibung der Verwertung von Kartoffeln läßt ahnen, daß eine Brennerei wenigstens ein Kesselhaus mit Schornstein, peinlich saubere Lagerräume für Hefe, Malz usw., außerdem z. B. Pumpen, Destillationsgefäße, Kühlkästen, Kondensatoren benötigte. Die Kartoffeln wurden zerkocht, mit Gerstenmalz zur Stärkeumwandlung in Zucker vermischt, die erhaltene Maische rasch abgekühlt und mit Hefe vermengt. Dadurch spaltete sich der Zucker in Alkohol und Kohlensäure. Destillation und «Entfuselung» schlossen sich an. Einige dieser Teilverfahren kannte man schon im Altertum.

Resonanzholz-Fabrik (1895 – S) Unsere Karte aus dem Böhmerwald zeigt eine recht seltene Produktionsstätte. Hier in den gebirgigen Wäldern, wo das Zitherspiel zu Hause ist, wo der Geigenbau eine hohe Vollkommenheit erreichte, da wird auch der wichtigste Rohstoff für diese Instrumente gewonnen – das Holz –, da werden Halbfabrikate gefertigt, wie die Resonanzhölzer und viele sonstige Bestandteile von Zupf- oder Streichinstrumenten. Resonanzböden für Klaviere kamen indessen auch aus der Bukowina und aus Finnland. Für eine Geigendecke z.B., wie sie die Instrumentenbauer gewölbt und in symmetrisch ablaufender Stärke fertigen, benötigt man abgelagertes Fichtenholz. Der Geigenboden wiederum besteht aus möglichst attraktiv gemasertem Ahornholz. Resonanzhölzer müssen entsprechend elastisch sein. Die Elastizität hängt weitgehend von der Dichte der Jahresringe des Holzes ab. Sie ist um so größer, je kleiner die mittlere Breite der Jahresringe mißt. So benutzt man für die Diskantseite der Klaviere etwa acht bis neun mm dicke Fichtenholzbretter, die eine enge Maserung haben, als Resonanzböden. Sie sind sorgfältig aneinandergeleimt. Für die Baßseite dient weitgemasertes Holz. Resonanzböden für Klaviere und Flügel sind etwa 1,40 m breit sowie 1 m hoch, die für Zupf- und Streichinstrumente natürlich entsprechend kleiner. Von der besonderen Güte des Resonanzholzes (und vom Lack) leiten Kenner die hohe Qualität alter Geigen (Stradivari, Guarneri, Amati, Steiner) ab. Sie genießen einen geradezu legendären Ruf.

Bockwindmühle (1914 – L) Windmühlen (hier zwei Bauarten: Bock- und Holländerwindmühle) stellten um die Jahrhundertwende in Deutschland mit etwa 14000 von 41000 Mühlen insgesamt noch einen beträchtlichen Anteil dar. Die mittelalterliche Antriebsart sollte aber nicht darüber hinwegtäuschen, daß im Inneren der Mühlen meist recht moderne Mahlwerke vorhanden waren. Bei der alten Flachmüllerei wurde das Getreide bzw. das schon vorgemahlene Gut über Rüttelvorrichtungen gleichmäßig in die ausgesparte Mitte eines um eine senkrechte Achse rotierenden schweren Läufersteines geschüttet und dann mittels eingeschnittener Rillen zwischen letzterem sowie Unterstein zermahlen, wobei das relativ dunkle «Vollkornmahlgut» am äußeren Umfange der Berührungsfläche beider Steine austrat. Die neuentstandene Hochmüllerei hatte ein Prinzip, durch das z.B. Schalenbestandteile im Mehl nicht mehr auftraten. Mit umfänglichen Siebungen und vielfältigen Durchgängen wurde das Getreide in Walzenstühlen mit waagerechten Achsen verarbeitet, zu Typenmehl, Gries, Kleie – jeweils säuberlich getrennt. Die Hochmüllerei blieb Großbetrieben mit Dampfbetrieb vorbehalten, aber auch die Windmühlen lieferten dank nunmehr eiserner statt hölzerner oder steinerner Bauteile feinste Mehle bzw. andere spezialisierte Erzeugnisse – oder verschwanden für immer. Es sei denn, man hat sie einfach aufgegeben – wie hier abgebildet.

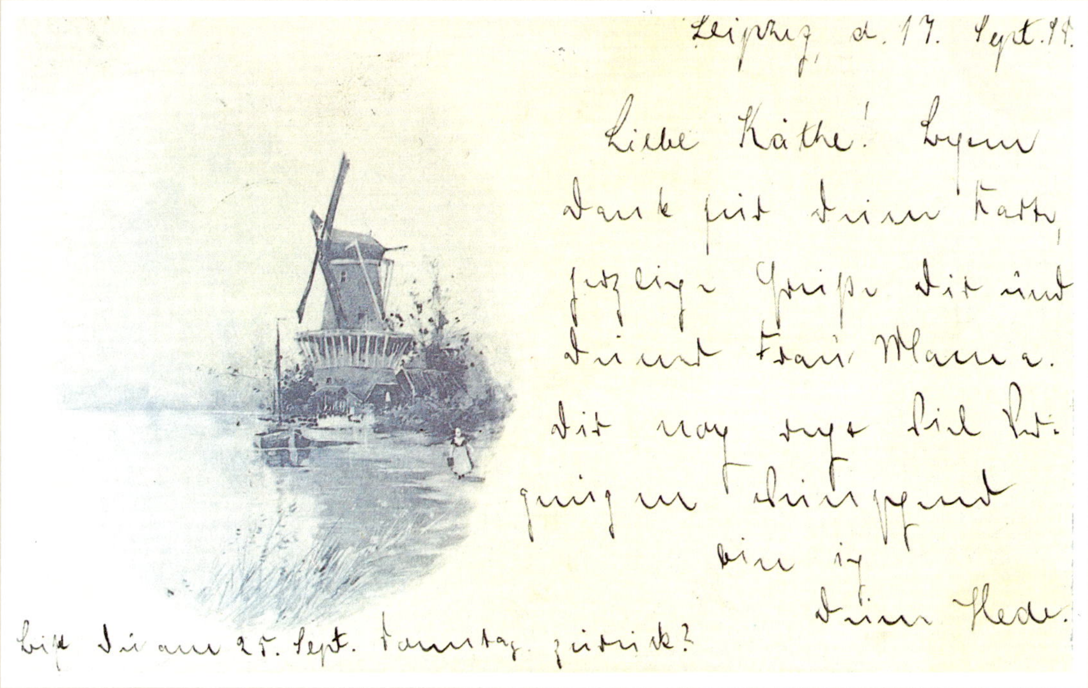

Holländerwindmühle (1898 – L) Ihr besonderes Merkmal besteht darin, daß sie nicht als Gesamtbauwerk gegen den Wind gedreht werden muß, sondern bei ihr wird das Dach – Haube genannt – drehbar ausgelegt. Die vier bis sechs Flügel (Ruten) enthalten bei allen Windmühlen viele quer gegen den Wind gerichtete verstellbare kleine Bretter (Jalousien) oder segelartig ausgespannte Leinentücher. Die wiedergegebene Holländermühle ist eine Galeriemühle. Sie hat eine umlaufende begehbare Galerie. Von hier aus kann der vom Dach herabragende Auslegerbalken rund um die Mühle gedrückt werden, wodurch man die Haube und damit die Flügel gegen den Wind stellen kann. Fehlt diese Galerie, dann hat man eine Ständer- oder eine Turmholländermühle (Erdholländer) vor sich. Außerdem gibt es noch Paltrockmühlen. Darunter versteht man solche, die zum Drehen auf einem großen Radkranz rollen. In vielen Mühlen nutzt man die Kraft des Windes mit Hilfe der sogenannten Windrose (Windrad mit etwa drei m Durchmesser) über geeignete Kraneinrichtungen auch zum Hochziehen des Mahlgutes, zum Auswechseln der Mahlsteine und zum Verdrehen der Mühle. Windmühlen sind auch zum Wasserpumpen geeignet, genauso wie Windräder oder Windmotoren, die über zwei bis 60 radial verlaufende Blätter verfügen und den Wind meist besser ausnutzen. Dies ist für das Wasserpumpen in Vorratsbehälter besonders wichtig, weil in der Regel im Jahr in den gemäßigten Erdzonen nur etwa 150 Windtage gezählt werden.

Wassermühle (etwa 1914 – L) Knapp 24000 Wassermühlen klapperten um die Jahrhundertwende in Deutschland noch «am rauschenden Bach», was etwa zwei Drittel aller der Getreideaufbereitung dienenden Mühlenbetriebe ausmachte. Freilich waren sie in ihrem Ausstoß den 3400 Dampfmühlen nicht mehr ebenbürtig. Allein in Berlin erbrachten wenige Betriebe, wie die Dampfmühlen-AG und die Firmen *Schütte*, *Salomon* und *Humboldt* etwa 200000 t im Jahr oder reichlich zwei Prozent der Gesamtmenge Deutschlands. Ausgedehnte Mühlenbetriebe in den USA schafften bis zu 1000 t Weizen täglich, was der abgebildeten Fabrik nicht einmal im Monat gelang. Allerdings konnten wasserbetriebene Mühlen – auch Sägemühlen – wegen günstiger «Energierechnungen» noch längere Zeit im Einsatz bleiben. Speziell die unterschlächtigen eisernen Ponceleträder mit ihren gekrümmten Schaufeln hatten einen Wirkungsgrad bis zu 70 Prozent. Das machte ihre großen Investitionskosten (im Vergleich zu den biederen Holzrädern aus imprägnierter Fichte, Eiche oder Lärche) zum Teil wett. Dennoch erlebte das Wasserrad am Ausgang des 19. Jahrhunderts seine allmähliche Umwandlung in die Wasserturbine (von *Pelton*, *Francis*, *Kaplan)* als Generatorantrieb. Für die direkte Energiezufuhr – wie hier an Mahlwerke – hatte es unwiderruflich ausgedient. Bei vergleichbaren Anlagen stellte sich trotz kostenloser «Wasserkraft» die Wassermühle im Neubau zwei- bis dreimal teurer als die Dampfmühle.

Papiermühle (1914 -E) «Mühle» in der Kombination mit «Papier» erscheint vielleicht etwas seltsam; denn es geht bei der Papierfabrikation wohl nicht um das Zerkleinern von Papier! Von «Mühle» spielte im technischen Sprachgebrauch vor allem das Wasserrad eine Rolle, und «gemahlen» wurde auch, nämlich Lumpen, später dann vermehrt Holz. In den moderneren Anlagen um die Jahrhundertwende war freilich von der alten gemütlichen Papiermühle mit kleinen Holländern (Zerfasermaschinen), Schöpfrahmen, Trockengestellen für einzelne Blätter wenig geblieben! Entrindetes, von Ästen und Knorren befreites Holz wurde quer zur Faser gegen gewaltige Schleifscheiben gepreßt und zerschliffen. Sortierte und noch weiter zermahlene Fasern gingen aus den Schleifereien an Zellulosefabriken, die mit schwefliger Säure, meist eigener Produktion, die Zellulose aufschlossen. Stundenlang wurde dazu der Holzschliff in großen Kesseln ausgelaugt und gewaschen. Der Papierbrei gelangte in der eigentlichen Papierfabrik auf ein System endloser Bänder und Walzen – die Papiermaschine. Zunächst kam der Brei (95 Prozent Wasser) auf ein bewegtes Siebband, darauf eine endlose dünne Schicht von etwa drei Meter Breite bildend. Dann folgten Filzbänder, Trokkenwalzen, erneutes Anfeuchten, Glattwalzen, bei besseren Papiersorten Tauchbäder zum Leimen – kurz: das Papier hatte mehrere Kilometer und hunderte von Leit- und Arbeitsrollen passiert, ehe es – falls gewünscht – in handlichere Formate geschnitten werden konnte.

Bergbau

Nicht ganz so einschneidend wie in anderen Industriezweigen spielte sich die technische Revolution im Montanbereich ab. In den Gründerjahren lösten Maschinen (z.B. leistungsfähige Bohrapparate oder die sehr effektive Schrämmaschine sowie der Einsatz von Dynamit) vielfach unrentable Handarbeit ab. Verbesserte Wasser- und Luftführungssysteme sowie gewaltige Fördermaschinen erlaubten größere Schachttiefen. Gleichzeitig erfuhr die Aufbereitung der Erze große Vervollkommnung, was die Ausbeute ärmerer Erze überhaupt erst zuließ. Man lernte, Stähle höchster Güte zu schmelzen, nahtlose Rohre zu walzen oder große Werkstücke zu gießen. Die Arbeitsteilung in der Montanindustrie erhielt neue Qualitäten. Großbetriebe gewannen bzw. produzierten nahezu alle Rohstoffe und Halbzeuge für ihre eigentlichen Erzeugnisse: Nägel und Lokomotiven, Briketts und Hochseeschnelldampfer. Die Elektrometallurgie kam auf und ebnete z. B. dem Aluminium den Weg. Oder anders: Die Konzentration des Kapitals begann zuerst in der Grundstoffindustrie. Nicht in jedem Fall führte ein mehr oder minder direkter Weg vom damaligen technischen Stand zur Jetztzeit. Die Braunkohlenförderung im Tagebau z.B. wurde damals nicht mit Eimerkettenbaggern vorgenommen, sondern durch Unterminierung der freigelegten Flöze und Sprengung. Teilweise gab es auch Untertageabbau für Braunkohle.

Fahrkunst (etwa 1900 – L) Eine fast schwindelerregende Einrichtung war die 1833 erfundene und um 1900 noch gebräuchliche Fahrkunst: Von Wassersäulenmaschinen getriebene, viele hundert Meter lange mit Tritten versehene Balken bewegten sich langsam gegenläufig in 6-m-Hüben auf und ab und ermöglichten durch ständiges Hinüber- und Herübertreten Ein- und Aus«fahrten» in die Bergwerke. (Arbeitsschutzinspektoren von heute würden sich die Haare raufen.)

Steinkohlenzeche (etwa 1914–T) Das charakteristische Merkmal einer Steinkohlenzeche, der weithin sichtbare Förderturm mit rotierenden Umlenkscheiben, ist hier gut zu erkennen. Der Turm diente als oberirdischer Teil eines großen Aufzuges zur Ein- und Ausfahrt der Bergleute sowie der Bewegung von Material, Kohle oder Gestein. Die Kohle wurde nach dem Losbrechen in kleine eiserne Wagen (Hunte) gefüllt und in letzteren über Tage befördert. Später entleerte man wirtschaftlicher die Hunte vor dem Aufzug in Fördergefäße und zog nur diese auf. Die Förderkörbe oder -gefäße wurden von Stahlseilen mit beträchtlichem Eigengewicht gezogen und von großen Dampfmaschinen bewegt. Dabei waren unterschiedliche Systeme in Gebrauch. Bei der Treibscheibenförderung hingen zwei sich gegenläufig bewegende Körbe in einem an der Schachtsohle eine Schleife bildenden endlosen Seil. Über Tage lief es über eine große Treibscheibe und dann über Umlenkrollen. Man erreichte dadurch, daß sich die Seilgewichte auf jeder Seite zwangsläufig ausglichen; allerdings war das System nur zur Förderung über die gesamte Schachtlänge geeignet. Anders bei der Trommelförderung: Hier hingen die beiden Körbe an Seilenden. Über Tage wickelten sich die anderen Enden auf zylinder- oder kegelförmige Trommeln nebeneinander auf bzw. ab. Bandartige Seile kennzeichneten die Bobinenförderung. Dort lagen die Seilwindungen wie bei Tonbandspulen in schmalen Trommeln übereinander, was wegen veränderlicher Hebelarme Drehmomentenausgleich ergab.

Wassersäulenmaschine (etwa 1900 – L) Wassersäulenmaschinen gehörten zu den eigenartigsten Maschinen im Bergbau. Noch vor der Dampfmaschine erfunden, funktionierten sie ähnlich wie diese: Ein Kolben wurde durch Druckwasser bewegt und trieb z.B. Wasserpumpen, Fahrkünste. Mindestens zwei Probleme waren aber bei dem so einfachen Prinzip zu lösen: Erstens mußte Druckwasser zur Verfügung stehen, zweitens war das «Auspuffwasser» abzuführen. Die Druckwasserversorgung stellte in den Gruben kein Problem dar. Die Maschine wurde unter Tage aufgestellt und über die «Wassersäule», die von einem höhergelegenen Wasserreservoir rohrgefaßt bis zu ihr reichte, betrieben. Das Abwasser konnte bei günstiger Bergwerkslage mit anderem Grubenwasser über waagerechte Stollen abfließen. Daher war der Einsatz dieser Maschinen auf Gruben mit selbständiger Entwässerung beschränkt. Weitere Verbreitung fanden Wassersäulenmaschinen erst nach dem Aufkommen von Dampfmaschinen. Da sich Kaltwasserleitungen besser als solche für Dampf von oberirdischen Druckerzeugern zur Kraftmaschine unter Tage verlegen ließen, behielt man Wassersäulenmaschinen auch nach der Jahrhundertwende noch bei. Allerdings wurde mit Pumpen ein erheblicher Vordruck erzeugt, so daß die Maschinen mühelos auch ihre Abwässer wieder zutage brachten. Und bei Grubenüberflutungen arbeiteten sie – anders als Dampf- oder Elektromaschinen – immer noch und konnten so zur Beseitigung der Havarie sofort beitragen.

Einige technische und Betriebsdaten nötigen uns Hochachtung ab. Bei etwa 200 at (19,6 MPa) Betriebsdruck leisteten Wassersäulenmaschinen immerhin 200 PS (147 kW) und etwa zehn Hübe in der Minute. Geradezu frappierend aber ist der Wirkungsgrad dieser Langsamläufer mit fast 90 Prozent; wenn man bedenkt, daß ein Automotor kaum 35 Prozent erreicht.

Abrahamschacht (etwa 1900 – L) Freiberg gehört zu den ältesten deutschen Montanzentren. 1168 wurde hier erstmals im Erzgebirge, das seinen Namen zu Recht trägt, Silber gefunden. Der von feudalen Abgaben im wesentlichen «freie Berg» zog bald Goslarer Bergleute an – der Mark Meißen bedeutendste Stadt entstand. Zu Münzen geschlagenes Freiberger Silber deckte seinerzeit nahezu den Bedarf Europas an Zahlungsmitteln. Als nach Silbereinfuhren aus den spanischen Kolonien ab 1564 die Preise sanken, versuchte man in Freiberg durch größere Fördertiefen und leistungsfähigere Wasserversorgung den alten Stand wieder zu erreichen. Wissenschaftliche Methoden (Bergakademie!), Errichtung von Wassersäulenmaschinen sowie neue Grubenaufschlüsse brachten um 1785 noch einmal eine kurze Blütezeit mit Rekordfördermengen. Weitere Verbesserungen in der Verhüttung, eine völlig auf Wasserkraft eingerichtete Grubenmechanik und Konzentrationen der Förderstätten kennzeichnen die Zeit um 1840. Der Abrahamschacht wurde dabei zum Zentralschacht. Das abgebildete, 1839 errichtete größte steinerne Treibehaus des Erzgebirges enthielt nicht etwa eine Dampfmaschine, sondern einen Wassergöpel. 1860 fielen die Silberpreise erneut, so daß die Existenz der sich immer mehr erschöpfenden Gruben stark bedroht war. Zwar übernahm der Staat 1886 den Betrieb, mechanisierte nochmals (1887 bekam der Abrahamschacht eine Dampfmaschine); aber ab 1913 wurde dann der Silberbergbau endgültig geschlossen.

Schrägförderung (etwa 1900 – L) Im Freiberger Silberbergbau waren die erzführenden Schichten selten mächtiger als einen Meter und fielen zudem recht steil ein – meist unter einem Winkel von etwa 45 Grad. Man betrieb daher den «Firstenabbau» und brach dazu das Erz in horizontalen Streifen von unten nach oben. Das losgelöste Gestein wurde über Schrägaufzüge in die tiefer gelegenen horizontalen Stollen transportiert und von dort mit Muskelkraft bzw. Grubenlokomotiven zum Füllort gebracht, wo die Erzwagen mit Aufzügen zu Tage fuhren. Das beim Abbau notwendigerweise mit anfallende tote Gestein las man schon am Ort aus und benutzte es zur Verfüllung der am unteren Ende mit stabilen Eisengittern teilweise abgesperrten ausgeschlagenen Gänge. Bedingt durch die Geologie der Erzadern mußte man immer tiefer gehen, so 1895 im Zuge der Modernisierung um weitere 1900 m, was zu 14,5 km neuen Stollen- und Streckennetzen führte. Dabei kamen 100 000 m^2 neue Gänge zum Aufschluß. Was sich leicht liest, setzte natürlich ein hochentwickeltes Markscheide(vermessungs)wesen voraus. In den ermittelten Streichrichtungen mußten übereinanderliegende Abbaustrecken vorgetrieben und durch Überhaue verbunden werden (Abstand 40 bis 70 m). Von einem schräg nach oben verlaufenden Überhau ging man dann waagerecht bis zum nächsten in das Erz hinein, auf dem anfallenden toten Gestein stehend. Alle 10 bis 15 m wurde das Erz über Rollöcher abtransportiert, auch durch mit Preßluft getriebene Aufzüge.

Setzmaschinen (etwa 1900 – L) Silber kommt höchst selten in größeren Klumpen gediegen vor, sondern meist als Bestandteil anderer Metallverbindungen. Gesteine mit 0,1 Prozent Silbergehalt galten bereits damals als höchst abbauwürdig. Allerdings mußte möglichst viel taubes Gestein abgetrennt werden, um spätere Schmelzprozesse nicht mehr als nötig zu stören. Diese Aufbereitung geschah weitgehend mechanisch, möglichst in der Nähe der Grube, um Transporte nutzloser Massen zu vermeiden. Häufig oblag Knaben – also in Kinderarbeit – das Zerschlagen kleinerer Brocken mit Handhämmern. Wasser- oder muskelkraftgetriebene Pochwerke zerkleinerten das Gestein weiter; dem gleichen Zweck dienten spezielle Mahlwerke. Um nun erzreiche Partikel von tauben zu trennen, zumindest aber ein Konzentrat zu erhalten, bediente man sich der Setzmaschinen. Das Verfahren ähnelt dem des Goldwaschens: Fließendes Wasser schwemmt den spezifisch leichteren Gesteinsschlamm weg, während die schwereren Metallteilchen liegenbleiben. Dies erklärt auch den Namen der Setzmaschinen. Unter dem Einfluß von oben nach unten strömenden Wassers «setzen» sich schwerere Teilchen, um alsdann periodisch oder kontinuierlich entfernt zu werden. Um das Setzen effektiv zu gestalten, müssen die Korngrößen durch Siebung vorher in engen Grenzen gehalten werden; auch dürfen die Dichten der zu trennenden Materialien nicht zu sehr beieinander liegen. Setzmaschinen von anderen Dimensionen waren und sind auch im Steinkohlenbergbau üblich.

Silberraffinerie (etwa 1900 – L) Silber (Argentum) – einst wichtiges Münzmetall und Namensgeber von Argentinien – wurde in recht komplizierten Verfahren erschmolzen. Im Freiberger und Oberharzer Revier trat es als Beimengung in Bleierzen (Bleiglanz oder Galenit) auf und fiel als Nebenprodukt der Bleiverhüttung ab. Aus dem durch Setzen gewonnenen Konzentrat röstete man zuerst Schwefel sowie Arsen «tot» und zog später mit dem ersten Abstich (Jungfernblei) nahezu alle in der Schmelze gelösten Silbermengen heraus. Dann wurde weiter raffiniert, oft nach dem Pattinsonverfahren. (In einer erstarrenden Blei-Silber-Schmelze kristallisiert nämlich zuerst das Blei aus, was *H. L. Pattinson* 1883 entdeckt hatte.) Man blies durch 15000 kg fassende Kristallisierkessel Dampf und ließ das untere, noch nicht erstarrte Drittel der Schmelze ab. Nach mehreren Anreicherungsdurchgängen kam nun die Schmelze in Treiböfen. Dank kräftiger Luftzufuhr verschlackten oder oxydierten alle Schmelzenbestandteile, außer dem Silber. Die Schlacken zog man mit langstieligen Krücken heraus, das leichtere Bleioxid (Bleiglätte) floß über Rinnen ab. Auf der Oberfläche der Restschmelze begann es zu «blumen»; blauglänzend erlaubte diese schließlich den ersehnten «Silberblick» in den Ofen. Das «Blicksilber» wurde endlich in Barren gegossen und mit Wasser zum Erstarren gebracht. Bei den beiden Männern auf unserer Karte dauert diese Tätigkeit offenbar noch ein wenig; die Gußformen sind aber bereits sorgfältig aufgestellt.

Bergakademie (etwa 1900 – S) Die Silbervorkommen im Erzgebirge wurden seit dem Mittelalter ausgebeutet. Folge der notwendigerweise entstehenden Montanwissenschaften war die Stiftung der Freiberger Bergakademie am 4. 12. 1765, also in einer Zeit, in der sonst an technische Hochschulen noch nicht zu denken war. Andere Orte folgten bald nach, z.B. Schemnitz in Ungarn (1770), heute Banská Štavnica (ČSSR); St. Petersburg (1773), heute Leningrad; Klausthal im Oberharz (1811); Leoben in Österreich und Příbram, heute ČSSR (1849). 1771/72 ließen sich in Freiberg schon 48 Studenten in Berg- und Hüttenkunde, Mineralogie, Geognosie, Chemie, Mechanik oder Maschinenlehre unterweisen. Obwohl die Studentenzahlen nur langsam stiegen (1874 gab es 17 Dozenten und 114 Studierende), zählten doch später berühmt gewordene Männer wie *Alexander v. Humboldt, Freiherr v.u.z. Stein* oder die Dichter *Novalis* und *Körner* zu den «Zöglingen». Auch Ausländer waren häufig immatrikuliert wie *Michail W. Lomonossow.* Die Orientierung nur auf Silberbergbau, das vorwiegende Vermitteln von lediglich empirischen Regeln sowie das Nichtwahrnehmen moderner kapitalistischer Entwicklung ließen die älteste Montanhochschule der Welt bald in ihren Traditionen erstarren. Erst 1871 setzte wieder ein Aufschwung ein. Auch ein Lehrstuhl für Eisenhüttenkunde wurde eingerichtet. Der Freiberger Professor *Clemens Winkler* schuf 1875 das nach ihm benannte Kontaktverfahren zur großtechnischen Herstellung von Schwefelsäure und entdeckte 1885 das Element Germanium. Ferner suchte er Hüttenrauchschäden zu mindern.

Schiffe

Seit der Antike wagte sich der Mensch immer weiter aufs offene Meer hinaus, weniger aus Abenteuerlust als aus ökonomisch-politischer Notwendigkeit (Fischfang, Handel). Umfangreichen Verkehr zu Wasser brachte erst das 19. Jahrhundert. Welthandel und Passagierfahrt erlebten ungeahnte Ausmaße, besonders auf der «high line» zwischen den damaligen Weltwirtschaftszentren Westeuropa und USA. Bei dem profitablen Geschäft überstieg die Beförderungskapazität bald den Bedarf, was zu erbitterten Konkurrenzkämpfen solcher Gesellschaften wie der Hamburger Hapag, dem Bremer Norddeutschen Lloyd, den englischen Cunard- und White-Star-Linien, der französischen Compagnie Générale Transatlantique, der belgischen Red–Star–Linie oder der Holland–Amerika–Linie führte. Mit oft unterlaufenen Preiskartellen versuchte man sich auf internationaler Ebene zu einigen, bis schließlich 1892 dem Lloyd, der Hapag, der Red–Star- bzw. Holland–Amerika–Linie im ersten Nordatlantik-Passage-Pool Anteile von 46,16, 28,84, 15,70 bzw. 9,30 Prozent zugesprochen wurden. Mit Ausgleichszahlungen und Strafen sollten Überschreitungen geahndet werden. Bald folgten ein Frachten- und ein Kajütpool (für Passagierreisen nicht im Zwischendeck, sondern in Luxuskabinen). Die ersehnte Monopolisierung war schließlich aber auch mit Riesendampfern wie der «Titanic» oder der «Vaterland» (etwa 50000 Bruttoregistertonnen) nicht zu erreichen.

Postdampfer (1903 – S) Die «Hamburg-Amerikanische Paketfahrt AG» (Hapag) wurde 1847 gegründet. Das Streben nach möglichst schneller Postbeförderung rief ab 1884 die Schnelldampferfahrt ins Leben. Mit fast 21 Knoten und 20000 bis 30000 PS (14700 bis 22050 kW) konnten Zweischraubendampfer, wie sie die Hapag um 1900 betrieb, den Atlantik in etwa fünf Tagen überqueren.

Hudson und Fulton (1909 – R) Der erstgenannte, *Henry Hudson,* geboren Mitte des 16. Jahrhunderts, war ein berühmter Seefahrer. Er suchte im Nördlichen Polarmeer die Durchfahrt nach China (1607, 1608), segelte 1609 nach Nowaja Semlja, dann nach Amerika. Dabei entdeckte er die Mündung des nach ihm benannten Flusses. Auf seiner letzten Fahrt 1610 sah er Grönland und fand die wiederum nach ihm genannte Hudsonstraße, die Küste von Labrador (er nannte sie Neubritannien) und die Hudsonbai. Meuternde Matrosen zwangen ihn, mit seinem Sohn und sieben kranken Matrosen in eine Schaluppe zu steigen, die ihrem Schicksal überlassen wurde, obwohl er bereits die geforderte Rückfahrt nach Europa begonnen hatte. Er blieb verschollen. «Sein Name wird leben» – so steht es auf dieser Karte – «so lange der majestätische Strom sein Wasser in den Ozean senden wird – er wird immer leben».

Robert Fulton (1765–1815) hieß ein ideenreicher amerikanischer Mechaniker. Er erfand eine Marmorsäge, Poliermühle und Seilmaschine, ein Unterseeboot, einen Torpedo und als bedeutendstes – das Dampfschiff. Zwar hatte es schon vor ihm Versuche dazu gegeben, z.B. durch den Franzosen *Claude de Jouffroy d'Abbans* (1751 bis 1832) mit dessen «Pyroscaphe» (Feuerboot), dem aber der große Erfolg versagt blieb. *Fulton* schuf ein Dampfboot, mit dem er am 7. Oktober 1807 die erste Fahrt auf dem Hudson (!) zwischen New York und Albany unternahm. Und dies waren immerhin etwa 200 km!

Fischerboote (etwa 1898 – S) Obwohl in vielen romantischen Liedern besungen, stehen sie im allgemeinen nicht so stark im Blickfeld der Öffentlichkeit wie die großen Überseeschiffe. Dabei sind sie sowohl zahlenmäßig als auch von ihrer Bedeutung her für die menschliche Ernährung seit Jahrtausenden von großer Wichtigkeit. Als Beispiel für die Binnenfischerei (ertragreicher ist natürlich die Hochseefischerei) dient uns eine alte, 1898 geschriebene Ansichtskarte vom Genfer See oder – wie ihn die Francoschweizer nennen – Lac Léman. Abgebildet ist eine beachtenswerte Fischerbarke, dortzulande Naue genannt, im Mondlicht. Nauen spielten bis Anfang des 20. Jahrhunderts für den Fischfang auf dem 578 km^2 großen Gewässer und überhaupt für die gesamte Fischversorgung der ja an kein Meer grenzenden Schweiz eine große Rolle. Manche Exemplare dieser breit ausladenden, für den Genfer See typischen Fischerboote (z.B. die jetzt noch dort zu besichtigende letzte Naue «Neptune») waren 27 m lang und 8,50 m breit. Am Bug erreichten sie einen Tiefgang von 1,35 m leer und 2,45 m beladen. Das Leergewicht der Barke betrug 70 t, die Nutzlast 120 t. Die recht beachtliche Betakelung bestand aus einem Groß- und einem Vormast. Die Segel an den Rahen wiesen eine Fläche von nicht weniger als 120 m^2 auf, das Focksegel (unterstes Rahsegel des vordersten Mastes) weitere 35 m^2. Fischerboote gibt es in allen Weltteilen, und sie tragen die unterschiedlichsten Bezeichnungen, wie die chinesische Dschunke, die arabische Dau oder den deutschen Kutter.

Eismeerschiff «Fram» (1897 – R) Die «Fram» (Vorwärts) gehörte zu den berühmtesten Schiffen, obgleich sie nur ein kleiner Dreimastgaffelschoner war mit einer Hilfsmaschine von 200 PS (147 kW). Das Besondere ergab sich aus der vom Verwendungszweck bestimmten Bauart. Der spätere Nobelpreisträger *Fridtjof Nansen* (1861 bis 1930) wollte beweisen, daß es möglich sei, sich im Eisdrift von der nordöstlichen Küste Sibiriens bis in die Gegend von Grönland treiben zu lassen. Er wollte also die Nordostpassage von Nordenskjöld (1878/79) in umgekehrter Richtung und gewissermaßen ohne Segel oder Dampfmaschine bewältigen. Daß diese Reise von den Neusibirischen Inseln bis zu eisfreien Gewässern nördlich Spitzbergens gelang, daß man während der Fahrt (vom 22. 9. 1893 bis zum 12. 8. 1896) mit zwei Polarüberwinterungen dem Nordpol bis auf 450 km nahekam, war nicht zuletzt der «Fram» zu danken. *Nansen* nutzte seine reichen Erfahrungen mit Nordpolarfahrten und konzipierte ein kräftiges Schiff mit fast halbkreisförmigem Querschnitt, das bei Eispressung aus dem Wasser gehoben wurde. Der Schiffsbaumeister *Colin Archer* realisierte auf der Werft von Larvik diese Entwürfe, wobei ein Fahrzeug mit 800 t Verdrängung, knapp 400 t Nutzlast, 39 m Länge und max. 11 m Breite entstand. Bei späteren Fahrten von *Otto Sverdrup* und *Roald Amundsen* bewährte es sich gleichfalls. *Amundsen* ließ für die berühmte Antarktisfahrt (1911/12) einen Dieselmotor mit 180 PS (132 kW) einbauen. Die «Fram» wird heute noch in einem Osloer Museum bestaunt.

Fünfmaster „Preussen"

Vollschiff (etwa 1900 – A) Was einem alten Seestück zu entstammen scheint, war um die Jahrhundertwende ein modernes und gegenüber Dampfern konkurrenzfähiges Schiff. Zwar wuchs die Zahl der Dampfer im Weltmaßstab von 1874 bis 1898 von 5400 auf 11500 Einheiten und sank die der Segler von 56000 auf 28000, dennoch erlebten letztere in dieser Zeit ihre eigentliche technische Blüte. Um 1885 machten die hölzernen Dreimaster mächtigen vier- bis einmal sogar siebenmastigen eisernen Seglern Platz. Jene bewältigten die europäisch-amerikanische Traditionsroute in 12 Tagen, was für Dampfer um die Mitte des Jahrhunderts bei immensen Kohlekosten noch unerreichbar gewesen war. Reichlich 100 m lang wirkten diese 6000-Tonner gegenüber kleineren Dampfern geradezu monströs. Speziell in Deutschland versuchte man vor allem aus Prestigegründen nun auch beim modernen Schnellsegler England und Frankreich zu übertrumpfen. Bekannt geworden ist die Serie der «Flying-P-Liner»: 65 Schiffe, deren Namen sämtlich mit «P» anfingen. Hier die Daten eines solchen Fahrzeuges der Hamburger Reederei *Laiß (Laeisz):* 6150 t, 120 m lang, 16 m breit, 10 m Raumtiefe. Schiffe wie die «Preußen», «Potosi», «Peking» u.a. verlangten mit ihrer extremen Besegelung wahre Virtuosen an Hunderten von Segelleinen. Die (notgedrungenermaßen stets hart am Wind segelnden) Schiffe wurden oft jungen Kapitänen «ohne Nerven» anvertraut, die es in beinahe sportlicher Manier schafften, auf transozeanischen Tee- oder Getreidelinien um die 20 Knoten herauszufahren und dazu abenteuerlustige Seeleute anzuheuern.

Seitenraddampfer (1907 – A) Jener Schaufelraddampfer verkehrte auf dem Bodensee. Diese immer seltener werdende Antriebsart bildet als Umkehrung des uralten Wasserrades sicher das einfachste Prinzip kontinuierlicher Übertragung mechanischer Antriebskräfte auf das Wasser. (Schon aus dem Jahr 527 ist die Abbildung eines muskelgetriebenen Schaufelradschiffes bekannt.) Die Kopplung einer Dampfmaschine mit zwei Schaufelrädern gelang überzeugend allerdings erst *Robert Fulton.* 1819 startete der umgebaute Segler «Savannah» zur ersten «Dampffahrt» über den Atlantik, acht der 26 Tage wegen Brennstoffmangels allerdings unter Segeln. Es dauerte noch geraume Zeit, bis die Schaufelräder genügend stabil, die Maschinen leistungsfähiger und sparsamer geworden waren. Dann aber kam auch der inzwischen verbesserte Schraubenantrieb mehr zur Anwendung, so daß 1875 ein Schaufelraddampfer (der sogar einmal für einige Zeit das «Blaue Band» für die rascheste Atlantiküberquerung innehatte) letztmalig über den «großen Teich» schwamm. Im Küstenverkehr konnten sich Schaufelradschiffe, später mit Dieselmotoren ausgerüstet, noch bis etwa 1950 (!) halten. Für den Binnenwasserverkehr bietet freilich bis heute der Schaufelradantrieb immer noch Vorteile, speziell bei niedrigen Wasserständen. Da seitliche Radkästen das Be- und Entladen hindern, kommt diese Bauart mehr für Passagier- oder Schleppdampfer infrage. Bei Frachtschiffen war der etwas unökonomischere Heckradantrieb üblich.

Flußschiffahrt (1911 – L) Viel Technisches präsentiert sich hier: eine elegante Hängebrücke, Seitenraddampfer, Lastkähne, Hafenbahnen, ein Treidelpfad am linken Ufer – und dort auch das niedrig gebaute Schiff mit zwei Schornsteinen – ein Kettenschlepper! Dieser interessante Schiffstyp war ab Ende der 60er Jahre des vorigen Jahrhunderts z.B. im Elbtal zu sehen und vor allem zu hören. Nachdem wegen vernachlässigten Flußbaues die Wasserstände mehr und mehr sanken, wurde der Güterverkehr allmählich auf Straße und Schiene verlagert. Einen wirksamen Ausweg bot die aus Frankreich stammende Kettenschiffahrt für Flachwasser: Spezialdampfer nahmen eine in der Fahrtrinne liegende Kette auf, wanden sie um zwei Trommeln und zogen sich so an der hinten wieder im Wasser verschwindenden Kette stromauf. Dank parallel wirkender Ruder an Bug und Heck waren die Schiffe begrenzt manövrierfähig. Recht kompliziert stellte sich allerdings die Begegnung zweier Kettenschiffe. Ursprünglich pendelte man daher nur zwischen einzelnen Abschnitten der zuletzt fast 700 km langen Kette von Litoměřice bis Hamburg. Mit in Kilometerabständen eingefügten Kettenschlössern, Hilfsketten und bis zu drei Stunden währenden Rangierfahrten konnten nun Überhol- oder Ausweichmanöver vollzogen werden. Talfahrten mit angehängter Last vermied man möglichst, da die Lastkähne bei Kettenriß den u. U. stillstehenden Schlepper überholt hätten. (Mehr zur schon legendären Kettenschlepperei siehe nächste Seite.)

Seitenradschlepper (etwa 1910 – F) Mächtige Schaufelräder treiben den Schwerstarbeit verrichtenden Schlepper auf der Elbe bei Magdeburg stromauf. Wehe dem Schiffer, wenn eines der straffgespannten Stahlseile riß und wie eine Riesenpeitsche über die Decks sauste! Etwas beschaulicher, dafür aber lärmerfüllter, ging es bei der Kettenschiffahrt zu, die sich auch auf der Saale von Halle bis zur Mündung in die Elbe, dem Neckar, auf Havel und Spree sowie der Donau in einzelnen Flußabschnitten gut eingeführt hatte. Der damit verbundene enorme Aufschwung der Flußschiffahrt (von und nach Hamburg wurden um 1885 über eine Million t Fracht auf der Elbe befördert) zog auch verstärkt Flußarbeiten nach sich, wodurch die Wasserstände wieder zunahmen. Dies aber machte andererseits die Vorteile der Kettenschiffahrt zunichte; denn tiefliegende Ketten erforderten vermehrte Hebekräfte und verringerten die ohnehin schon recht geringe Manövrierfähigkeit. Wegen der in Wirkungsgrad sowie Leistung stark verbesserten und nun auch im Schiffsbau üblichen Verbundmaschinen sowie der inzwischen verschlissenen Kette zwischen Magdeburg und Hamburg kam man 1887 zu dem Entschluß, von Magdeburg ab erneut mit Seitenraddampfern zu fahren. Im oberen Elbabschnitt rasselten (noch bis etwa 1935) einige Kettenschlepper; um das Ausklinken beim Begegnen zu vermeiden, jetzt mit zwei Ketten, je einer stromauf und stromab. Schiffsschrauben sind bei größeren Flußschiffen nicht üblich; sie wühlen den Flußboden zu sehr auf, was angesichts der hohen Antriebsleistung nicht verwundern dürfte.

Binnenseedampfer (1913 – A) Die «City of Cleveland» braust hier wie weiland Fontanes «Schwalbe» über den Erie-See, und «Gischt schäumt um den Bug wie Flocken von Schnee...». Der mit 1,25 Mill. Dollar damals nicht gerade preiswerte, etwa 1913 in Dienst gestellte Steamer hat Schaufelradantrieb, was bei Binnenschiffen noch durchaus üblich war. In den USA pflegte man den Radantrieb besonders auf breiten, flachen Flüssen und ausgedehnten Binnengewässern recht lange und erzielte damit Leistungen, die denen der moderneren Schraubendampfer kaum nachstanden. Mit relativ geringem Tiefgang um die drei Meter, aber gigantischen mehrstöckigen Aufbauten von etwa 20 m wurden Geschwindigkeiten bis zu 22 Knoten (etwa 40 km/h) erreicht. Freilich waren auch nahezu 10000 PS (7350 kW) installiert, nicht selten aus langsam laufenden Balanciermaschinen à la *Watt* gezogen, die direkt auf die Schaufelräder wirkten. Während sonst die Maschine dem Publikum verborgen bleibt, zeigten amerikanische Schiffsbauer gern den Fahrgästen hinter Glaswänden die blankpolierten Stangen und Zylinder. Ventilatoren sorgten für kräftigen Zug in den Kesseln – und mächtige Rauchwolken. Die «City of Cleveland» machte da keine Ausnahme, schließlich mußte man in Buffalo schon von weitem sehen, wer da kommt! Und daß Raddampfer gegenüber Schraubenschiffen bei privaten Wettfahrten stets den Kürzeren gezogen hätten, ist bestenfalls dickes Seemannsgarn. Binnenseedampfer (z.B. auf dem Bodensee) hatten oft Schiffspostämter an Bord.

Eisenbahnen

Sie erleichterten maßgeblich das Aufblühen der kapitalistischen Wirtschaft im 19. Jahrhundert; denn mit ihnen entstanden jene Verkehrsverbindungen auf nationalen wie internationalen Trassen, die zur Verteilung der enorm gestiegenen Produktenmengen angesichts der immer stärker ins Gewicht fallenden gesellschaftlichen Arbeitsteilung nötig wurden. Hinzu kamen die Anforderungen des Militärs und des sich verstärkenden Tourismus. Beginnend in England wurden so die sich industriemäßig entwickelnden Länder mit einem dichten Netz von Eisenbahnstrecken einschließlich Kleinbahnen überzogen. Wenn wir uns auf den gezeigten Ansichtskarten vor allem auf solche von Bergbahnen beschränken, so deshalb, weil hier über allgemein Bekanntes hinaus einige technische Besonderheiten anfallen. Ein Beispiel: Eine Lokomotive kann nur etwa 14 Prozent ihres wirksamen Reibungsgewichtes in Zugkraft umsetzen, der Steigerung von Lokgewicht und Maschinenkraft sind somit objektive Grenzen gesetzt. Bei Steigungen über 50 Promille glaubte man damals, schon zum Zahnradbetrieb greifen zu müssen (heute 70 Promille). Übersteigt die Neigung 250 Promille – das entspricht einer Steigung von etwa 11 Grad gegenüber der Horizontalen – so «klettern» Zahnradloks auf (sie «drehen durch»), sofern man nicht Sonderkonstruktionen benutzt. Noch größere Steigungen bedingen Standseilbahnen, die aber nur Nahverkehrsbedeutung haben.

Standseilbahn zur Hungerburg (1911 – L) Standseilbahnen führen in der Regel zu touristischen Attraktionen. Ökonomisch wird ihr Betrieb mit zwei Wagen, die einander die Waage halten. Bei einer eingleisigen Strecke – wie hier – muß in halber Höhe eine Ausweichstelle vorhanden sein, die bei geschickter Spurkranzanordnung nicht einmal bewegliche Weichenzungen benötigt (Abt'sche Weiche). Jeder Wagen behält dabei stets die gleiche Ausweichseite.

Semmeringbahn (etwa 1895 – S) Die Semmeringbahn stammt aus der Frühzeit der Eisenbahnen, verdient aber noch heute uneingeschränkte Bewunderung. Im Mai 1842 wurde die Strecke Wien–Gloggnitz übergeben. Zur Weiterführung nach Mürzzuschlag mußte die Bahnlinie einen Gebirgsstock der Steirisch-Österreichischen Alpen überqueren. Die 42 km lange, im Gegensatz zu vielen anderen Gebirgsbahnen (z.B. der Arlbergbahn) zweigleisige Strecke war die erste große Bergbahn Europas. Sie weist 15 Tunnel (der längste ist der Semmeringtunnel mit 1420 m Länge) und 16 Viadukte (die längsten 280 bzw. 248 m lang) auf. Vielfach mußten Schutzdächer (Galerien) über den Gleisen errichtet werden, um die Züge vor Steinschlag oder Schneelawinen zu sichern. Der Bau zog sich bis 1854 hin und erforderte 15 Mill. Gulden. Auf der Station Semmering wurde dem kühnen Erbauer, *Karl v. Ghega,* ein Denkmal gesetzt. Der höchste Punkt der Bahn liegt innerhalb des Semmeringtunnels mit 881 m (das sind etwa 120 m tiefer als der Paß). Die größte Steigung beträgt etwa 22 Promille, und zwar über 3,6 km Länge. Auch waren Bogenhalbmesser bis 190 m herunter zu durchfahren. Die Loks mußten also besonders kräftig, d.h. schwer, lang und außerdem gut kurvenläufig sein. Nach einem Preisausschreiben trafen 1851 im Bahnhof Payerbach vier Loks ein, die als Neuheiten getriebene Drehgestelle, Doppelkessel oder vier gekuppelte Treibachsen besaßen. Originelle Versuche, die Lok-Leistungen zu steigern.

Rigi-Bahn (etwa 1900 – A) Der Rigibergstock zwischen Vierwaldstätter und Zuger See wurde durch mehrere Bergbahnen erschlossen. Die erste von Vitznau aus stammte von dem Wahlschweizer *Nicolaus Riggenbach* und war die erste Zahnradbahn in Europa. Seit Mai 1871 wurden auf einer Strecke von etwa sieben km 1160 m Höhenunterschied bewältigt, was eine durchschnittliche Steigung von etwa 170 Promille ergibt, also in der Tat Zahnradbetrieb verlangt. Das System von *Riggenbach* hatte eine Zahnstange, bei der zwischen den Wangen eines U-Eisens trapezförmige Zähne eingelassen waren. Die originelle Lok muß «schief» sein (sie hat nicht etwa einen Unfall erlitten). Stünde ihr Kessel parallel zum Gleis, bedeckte das Wasser einen Teil der Rauchrohre nicht – was leicht zur Kesselexplosion führen könnte. In Gebrauch waren auch Zahnradloks mit stehendem Kessel bzw. solche mit stark geneigter Feuerbüchsdecke bei sonst «normalem» Aussehen. Bei Loks für reinen Zahnbetrieb bewegte die Dampfmaschine nur das Zahnrad, die Räder waren lediglich Laufräder. Bei den Riggenbachloks befand sich stets nur ein Zahn im Eingriff, folglich überdauerte das Zahnrad schwerlich zwei Jahre den Betrieb. Hatte eine Lok nur ein Treibrad, war noch ein Bremszahnrad nötig. Bei Talfahrt fuhr man nur mit Luft und Kühlwasser. Interessant ist auch die sehr schräge Drehscheibe. Mit ihr wurden nicht etwa die Minizüge gewendet, sondern komplizierte Weichenkonstruktionen erspart, was besonders im Winterbetrieb (Einfrieren) wichtig ist.

Gotthardtunnel (etwa 1910 – A) Der Gotthardtunnel als technisch schwierigste Hürde einer europäischen Nord-Süd-Verbindung über die Alpen war seit 1838 im Gespräch. Der Staatsvertrag zwischen Schweiz, Italien und Deutschland von 1871 ermöglichte schließlich ein ab 1872 verwirklichtes Projekt: den Bau eines etwa 15 km langen Tunnels zwischen Airolo und Göschenen. Zunächst von Hand, dann mit Schlagbohrmaschinen wurden maximal 0,75 bzw. 4,5 m Vortrieb je Tag erreicht. Man bohrte zuerst einen Firststollen, erweiterte diesen seitlich, brachte einen waagerechten Sohlenschlitz an, baute den Zwischenraum bis zum endgültigen Profil ab und vollendete die schon oben begonnene Ausmauerung, kurz: es wurde bei dieser sogenannten belgischen Methode nicht sofort am gesamten Querschnitt gearbeitet. Bis zu 2500 Mann schufen an der von beiden Seiten vorgetriebenen Röhre unter großer Hitze, spärlicher Belüftung und Öllampenbeleuchtung. Dampfloks konnten nur in Tunnelmündungsnähe Abraum sowie Baustoffe transportieren, weiter innen waren Preßluftloks und Tiere als Zugmittel erforderlich. Einmal wich man auf 200 m Länge um 15 m aus der Tunnelachse, was zwei Monate Zeitverzug mit sich brachte. 1880 trafen sich die Bauleute knapp 1000 m unter dem Gotthardpaß (2112 m über dem Meeresspiegel). Die Bilanz war in jeder Sicht zwiespältig; dazu nur diese Details: 1,6 Mill. Bohrer gruben 320000 Bohrlöcher für 49 Tonnen Dynamit; von den 950000 Arbeitsschichten kehrten 177 Mann nie mehr zurück.

Brünigbahn (1909 – A) Das von Eisenbahnfreunden oft und zu Recht gepriesene Eisenbahntraumland Schweiz legte sich erst relativ spät dieses Verkehrsmittel zu: Am 7. 8. 1847 fuhr der erste Zug auf einem Teilabschnitt der Strecke Zürich–Basel. Diesen Rückstand gegenüber England, Frankreich oder den deutschen Staaten holte man aber in der Eidgenossenschaft schnell auf. Eine lange Reihe bedeutender und technisch hochinteressanter Bahnen entstand. Zwischen 1901 und 1909 wurden fünf große und mehrere kleinere Privatbahnen zu den staatlichen Schweizerischen Bundesbahnen (SBB) zusammengeschlossen. Eine einzige Schmalspurbahn gehört auch dazu – die Brünigbahn von Luzern nach Interlaken Ost. Alle anderen schmalspurigen Bahnen sind privat, obgleich es zwischen den Eigentumsformen vielfach Zusammenarbeit gibt. Obschon 1909 – in diesem Jahr wurde die Karte geschrieben – bereits die Hälfte der privaten Schmalspurbahnen elektrifiziert war, dampfte es auf der Brünigbahn noch. Entgegen der bei Bergbahnen üblichen Anordnung der Loks auf der Talseite, steht hier die Lok vor dem Zug, was auf automatische Spezialbremsen an den Wagen für den Fall ansonsten katastrophaler Zugtrennungen schließen läßt. Die Brünigbahn wird in gemischtem Zahnrad- und Reibungsbetrieb gefahren, d. h., nur bei Steilstrecken befindet sich eine Zahnstange im Gleis. Die Spurweite beträgt wie bei den meisten schweizerischen Schmalspurbahnen 1000 mm. Die Gesamtstrecke ist 74 km lang.

Jungfraubahn (etwa 1910 – A) Die Jungfraubahn dürfte hinsichtlich ihrer vielen Besonderheiten die europäische Spitzenstellung im Bergbahnbau einnehmen, und dies seit ihrem Baubeginn 1896 (übergeben 1912). Sie endet auf dem Jungfraujoch im höchstgelegenen Bahnhof Europas (3454 m über dem Meeresspiegel). Die Bahn erlaubt ganzjährig Touristen, Medizinern, Physikern, Meteorologen und Geologen einzigartige Betätigungsmöglichkeiten. Vom Ausgangsbahnhof Kleine Scheidegg wurde die Bahn bis zum Eigergletscher in 2320 m Höhe geführt, um sich dann innerhalb (!) des Eigers mit den Tunnelstationen Eigerwand – siehe unsere Karte – und Eismeer bis zum Sattel zwischen Mönch und Jungfrau stetig emporzuwinden. Der Tunnel weist meist Steigungen von 250 Promille auf. Insgesamt ist die 1000-mm-Strecke 9,33 km lang. Als Zahnstange dient eine einfache Breitschiene mit eingefrästen Zähnen (System Strub), die oben verdickt über seitliche Greifer an der Lok deren etwaiges Aufklettern verhindern. Daß bei Weichen auch die Zahnstange beweglich sein muß, zeigt die Abbildung gut. Ferner erkennt man zwei Fahrleitungsdrähte: Die Jungfraubahn fährt bis heute mit Drehstrom (ursprünglich 650 V, 40 Hz)! Die Stromabnehmer der Loks haben folglich zwei Schleiferteile. Die Zuggarnituren (System *Rowan*) bestanden aus einer kurzen zweiachsigen Lok und zwei Wagen, wobei der mittlere sich als Einachser mit auf die Lok stützte. Alle Verkleidungen waren der besseren thermischen und elektrischen Isolation wegen aus Holz gefertigt, das aber gut imprägniert werden mußte.

Gebirgsschnellzuglokomotive (etwa 1900 – L) Die österreichische Arlbergbahn erforderte für den Schnellzugverkehr ständig stärkere Lokomotiven. Nach dreigekuppelten Maschinen setzte die Kaiserlich-Königliche Staatseisenbahn ab 1897 den abgebildeten Vierkuppler ein. Bis 1918 wurden von vier Lieferfirmen 783 Exemplare der «170» gebaut. Die Loks durften sich rühmen, den ihrerzeit stärksten Kessel Europas zur Versorgung ihrer zweizylindrigen Verbunddampfmaschine zu haben. Der Dampf mit Kesseldruck verrichtet zunächst im rechten Hochdruckzylinder Arbeit, dann bereits etwas entspannt nochmals im größeren linken Niederdruckzylinder. Da aber solche ökonomischen Loks bei Totpunktstellung des HD-Zylinders nicht anfahren können, erhielt die «170» ein Anfahrventil der Bauart Gölsdorf (*Gölsdorf,* 1861 bis 1916, österreichischer Ingenieur internationaler Bedeutung), das auch den Niederdruckzylinder beim Anfahren mit Frischdampf versorgte. Äußerlich weitaus auffälliger ist aber das Verbindungsrohr zwischen den beiden «Höckern» auf dem Kessel. Es sollte den verfügbaren Dampfraum über der Wasser-Dampf-Grenze vergrößern und ermöglichen, den Zylindern möglichst viel «trokkenen» Dampf zuzuführen. Solche Dampfsammelrohre waren bei österreichischen und süddeutschen Loks nicht selten. Leider wurden wegen unterschiedlicher Ausdehnung von Rohr und Kessel die Anschlußflansche an den Dampfdomen häufig undicht. Die Heißdampflok ließ diese Konstruktionen rasch verschwinden.

Elektrische Grubenbahn (1910 – L) Grubenbahnen gehören zu den ältesten Spurbahnen überhaupt. Schon 1430 verwendete man in deutschen Bergwerken eisenbewehrte Holzschienen. 1776 tauchten in englischen Gruben Gußschienen mit U-Profil auf. Triebmittel war freilich über Jahrhunderte Muskelkraft, auch nach Erfindung der Dampflok verbot sich deren Einsatz unter Tage aus begreiflichen Gründen. Erst der Technik des ausgehenden 19. Jahrhunderts blieb es vorbehalten, elektrischen Antrieb (über Fahrleitungen oder Akkumulatoren) oder Druckluftantrieb in niedrig und schmal gebaute Lokomotiven zu installieren. Zum umständlichen Akkumulatorbetrieb war und ist man gezwungen, wenn in der Grube Schlagwetter oder Kohlenstaub auftreten. Die unvermeidlichen Funken bei Oberleitungsbetrieb könnten schwere Explosionen auslösen. Die Strecke auf unserer Karte ist recht hoch ausgebaut, so daß die Gefahr einer Berührung der Hochspannung führenden Oberleitung durch Bergleute gering ist. Dennoch warnt das erkennbare Schild: «Leitung nicht berühren – Lebensgefahr». In Strecken von lediglich Mannhöhe mußte man zu Niederspannungsleitungen greifen, die dann zur erforderlichen Leistungsübertragung als kräftige Flachkupferschienenpaare ausgeführt wurden. Die Miniloks schleppten über flexible Leitungen kleine Stromabnehmerwägelchen nach. Bei zweigleisigen Strecken gab es nur ein Oberleitungssystem in der Mitte über den beiden Gleisen. Begegneten sich zwei Züge, dann mußte ein Abnehmer für kurze Zeit ausgehängt werden, was indessen nur geringe Verzögerungen brachte.

Elektrischer Triebwagen (etwa 1914 – A) Die abgebildete Karte scheint gar nicht so recht in den von uns gewählten Zeitraum bis August 1914 passen zu wollen – der elektrische Triebwagenzug könnte fast unseren Tagen entstammen. Dem ist aber keinesfalls so! Kurz vor Ausbruch des ersten Weltkrieges setzte die KPEV (Königlich-Preußische-Eisenbahnverwaltung) auf ihrer schlesischen Gebirgsstrecke Niedersalzbrunn – Halbstadt dreiteilige Elektrozüge ein, nachdem diese Strecke am 1. Juni 1914 elektrifiziert übergeben worden war. Die DRG (Deutsche Reichsbahngesellschaft) übernahm später diese Fahrzeuge, was zweifellos für deren gelungene Konstruktion spricht; hat man doch ansonsten nach Auflösung der Länderbahnen zahlreiche Bauarten ausgemustert. Die auf der 34,5 km langen Trasse dahinsummenden Züge hatten einen 500-kW-Doppelmotor im Mittelwagen und wurden mit 15 kV Fahrspannung betrieben. Trotz des relativ geringen Platzangebots waren Abteile der 4., 3. und 2. Klasse vorhanden, unterteilt noch in solche für Frauen (!), Raucher und Nichtraucher. Die 4. Klasse verschwand generell nach dem ersten Weltkrieg, auch ein Zeichen zaghafter Demokratisierung, lag doch eine 4. Klasse noch unterhalb der kaiserlichen Dreiklassenwahlrechtsmenscheneinteilung. (In der Literatur werden die Toiletten dieses Zuges besonders erwähnt: Durch geschickte Anordnung der Abortfallrohre konnte die Verunreinigung der «unteren» Elektrik vermieden werden. Auch das gehört notwendigerweise zur Technik!)

Speisewagen (etwa 1900 – A) Die weitgehend von französischem Kapital beherrschte Internationale Schlafwagengesellschaft (ISG) setzte 1880 umgebaute 3.-Klasse-Wagen als Speisewagen ein. Das Menü mit fünf Gängen kostete 2,50 Mark für Reisende der 1. oder 2. Klasse – alle anderen bekamen nichts! Später tauchten 4- oder 6achsige Spezialwagen auf, luxuriös ausgestattet, außen zweifarbig gestrichen oder gar mit Teakholz verkleidet. Verschiedentlich wurden Speisewagen von Bahnhofswirten betrieben, nachdem man der ISG 1898 die Verträge gekündigt hatte. Die Bahnen übernahmen die Wagen gegen eine Kilometerpauschale in ihre Züge. Welches Unternehmen einen Wagen betreiben durfte, wurde über Höchstgebot ermittelt. Beschaffung und Unterhalt oblag den jeweiligen Wirten.– Der Bau von Speisewagen wurde schnell zur Spezialität kleinerer Waggonbaufirmen. 36 Gäste konnten sich z.B. an Birkenholzverkleidungen, Mahagonigestühl, Opalglasoberfenstern, rotvioletten Lederbezügen und graulila Linoleum in den Wagen einer Wismarer Firma erfreuen. Die abgebildete Szene aus einem Speisewagen um 1900 (man reiste damals mit Kopfbedeckung) strahlt behagliche Reiseatmosphäre aus; der Text auf der Karte lautet: «9. 8. 00 Dresden–München 9(Uhr) V(ormittags) – 1/2 9 N(achmittags) Menü 3 M, Suppe mangelhaft, im übrigen leidlich». Ob die alleinreisende Dame im Vordergrund ähnliche «despektierliche» Mitteilungen auf ihrem Ansichtskartenstapel niederschrieb? Ihr verschmitztes Lächeln läßt solches ahnen.

Eisenbahngrenzübergang (1914 – A) Ein Bild friedlichen Grenzverkehrs! Kurz darauf standen dort freilich nicht mehr zivile Fahrzeuge auf den Plattenwagen, sondern Kriegsgerät für die Westfront. Dabei gab es schon ziemlich lange Übereinkommen zum gutnachbarlichen Verkehr in Europa, so zur Nutzung von Güterwagen zwischen deutschen, holländischen, belgischen, französischen und anderen Bahnen (1882 bzw. 1894). Erstere erzielten hierbei wegen starken Exports und häufiger Abwesenheit ihrer Wagen im Ausland kräftige Nutzungsgebührenüberschüsse. Etwas zu den Eisenbahnsignalen: Bestrebungen zur Vereinheitlichung der vielen Signale gab es schon 1850 in Deutschland, weitere folgten 1875 und 1907. Die beiden Hauptsignale auf dem Bild zeigen «Halt»; für «Fahrt frei» werden die Flügel schräg nach oben gestellt. Dies wurde über Drahtzüge von einem Stellwerk aus bewirkt. Wegen der Ausdehnung der Drähte mußten Spannwerke vorhanden sein, die auch bei Bruch eines Drahtes die Signale in Haltstellung brachten bzw. hielten. Beim rechten Signal ist erkennbar, daß der Doppeldrahtzug über eine Scheibe (etwa in Höhe des Häuschendaches) geführt wurde, die ihrerseits über eine Kurvenrille und ein Hebelsystem den Flügel bewegte. Bei zweiflügeligen Signalen waren in der Hubkurve drei Signalbilder eingespeichert, die je nach Drehrichtung der Scheibe gezeigt wurden. Das linke Signal funktioniert etwas anders. Da mit ihm ein Vorsignal gekoppelt ist, erhielt es einen sogenannten Durchgangsantrieb am Mastfuß.

Straßenbahnen

Sie waren wie andere technische Erzeugnisse keine Zufallserfindungen, sondern Ausdruck der ökonomischen Notwendigkeit, auch kürzere Entfernungen in Ballungsgebieten pünktlich, preiswert und fast rund um die Uhr zurücklegen zu können. Kutschen oder Sänften (Chaisen) bewältigten dies um 1860 nicht mehr. Dampfbahnen blieben – von Ausnahmen abgesehen – wegen der Rauchbelästigung gleichfalls untaugliche Straßenverkehrsmittel. Ein erster Anfang wurde mit Pferdeomnibussen gemacht, überdimensionierten Kutschen in oft zweistöckiger Bauart. Weniger Zugkraft verlangten Schienenfahrzeuge; ihr Nachteil des Streckenzwanges blieb gering. Befriedigen konnten aber nur dichte Wagenfolgen und zusammenhängende Netze – in den historisch gewachsenen Stadtstraßen keine leichte Aufgabe! Ferner amortisierten sich die kostspieligen Anlagen bei notwendigerweise niedrigen Fahrpreisen nur langsam. So gab es häufig Tarifexperimente. Für viele Menschen waren aber selbst 10 Pfennig noch zu viel – ein unterer Beamter verdiente nur ganze 90 Mark im Monat. Strenge militärische Zucht und deftige Geldstrafen bei geringfügigen Vergehen waren für die Angestellten der Pferdebahnen üblich. Dies änderte sich auch nach Einführung maschineller Zugmittel herzlich wenig. Über Dampfspeicherloks, Akkumulatorbetrieb und dgl. kam man schließlich doch zur mitunter heiß bekämpften elektrischen Straßenbahn.

Straßenszene aus New York (1908 – A) Die meist schachbrettartig angelegten amerikanischen Riesenstädte erleichterten nicht nur, sondern erforderten auch die Einrichtung leistungsfähiger Massenverkehrsmittel. Geräuscharm, mit bequemem Zu- und Abstieg, ohne Sprachschwierigkeiten – wie hier im Einwandererzentrum New York – die elektrische Straßenbahn.

Pferdebahn in Leipzig (1899 – L) Zu den wenigen Postkartenverlegern, die ihre Produkte datierten, gehörte *Max Nierth* in Leipzig mit seiner mindestens 500 Karten umfassenden Serie «Das alte Leipzig». 1896 gab es in der Messestadt bereits die erste elektrische Straßenbahn; die Zeiten der Pferdebahn waren dann am 16. April 1897 endgültig abgelaufen. Während der Traktionsumstellung verkehrten «Elektrische» und Pferdebahn gemeinsam. Blieb einer der «Stromfresser» mit Defekt liegen, gleisten die Pferdebahnführer ihr leichtes Gefährt mit speziellen Brechstangen aus und umfuhren stolz mit 1 PS das kranke moderne Vehikel. Der im Zeitalter aufblühender Technik etwas anachronistische Pferdebahnbetrieb setzte 1865 in Berlin ein; Hamburg und Stuttgart folgten, nach dem Deutsch-Französischen Krieg u. a. noch Leipzig, Dresden, Frankfurt (M.) und Hannover. Die Kommunen kümmerten sich freilich wenig um die Verbesserung des Nahverkehrs, vielmehr wurden die Konzessionen meist ausländischen Kapitalgesellschaften erteilt. Deutsche Finanziers bevorzugten zunächst «sicherere» Anlagen. Allerdings war der Andrang auf das neue Verkehrsmittel beachtlich, zumal in den Anfangsjahren ein Wagen wie ein Taxi mit Handzeichen auch außerhalb der Haltestellen gestoppt werden konnte, ja, die «Kondukteure» luden unterwegs sogar potentielle Fahrgäste zur Mitfahrt ein. Und im Winter durfte wegen der abträglichen Wirkung auf die Pferdehufe kein Salz zur Eisfreihaltung der Gleise gestreut werden.

Elektrische Bahnen in New York (etwa 1910 – A) Ein ungemein stimmungsvolles Bild vom städtischen Nahverkehr in der amerikanischen Metropole nach der Jahrhundertwende zeichnet diese elegante Karte (im Original mit «Goldrahmen») aus. Fahrzeuge vieler Art kann man erkennen, und noch ist das Automobil nicht allgegenwärtig, auch sieht man keine Wolkenkratzer. Interessant erscheint uns das Fehlen einer Oberleitung für die Straßenbahn. Die Stromzuführung mit niedriger Stromschiene ist bei der Hochbahn wegen des eigenen Bahnkörpers unproblematisch. Da Oberleitungen aber nach damaliger Auffassung das Straßenbild verunzierten, kam man für Straßenbahnen zu einer anderen Lösung: Zwischen den Schienen wurde ein betonierter Kanal mit Stromschienen angelegt, in die ein Arm vom Triebfahrzeug hineinragte. Nach zeitgenössischer Meinung war diese aufwendige Art der Energiezuführung bei stark frequentierten Strecken lohnend, was hier sicher zutraf. Freilich hinderten auch Regen, Schnee oder Eis den Betrieb nicht unerheblich. Und anno 1881 in Berlin-Lichterfelde Ost nutzte man sogar die Schienen des Gleises (wie bei einer Modelleisenbahn) zur Stromversorgung. Wehe dem Pferd, das beide Pole zur gleichen Zeit berührte – denn leider sichern erst hohe Spannungen ausreichende Leistungsübertragung und mindern Kontaktprobleme. Einen Schlitz im Gleis hat auch die weltbekannte Kabelbahn in San Francisco – nur wird hier die Energie mechanisch zugeführt.

Straßenbahn in Dresden (1908 – L) Unsere Aufmerksamkeit gilt zunächst der Hängebrücke im Mittelgrund, errichtet durch die Firmen *C. Köpke* und *Krüger* von 1891 bis 1893. Der Bau zur Verbindung der durch die Elbe getrennten Dresdener Vororte Loschwitz und Blasewitz hat eine Spannweite von 141 m für die Strombrücke; dazu kommen die beiden Landbrücken zu je 57 m. Die Stahlkonstruktion nannte der Volksmund bald «Blaues Wunder», wegen ihres Farbanstriches und der bei aller Überdimensionierung doch recht imposanten Bauart. Blasewitz war Endpunkt der ersten Pferdebahn in Dresden (vom Böhmischen Bahnhof aus, dem späteren Hauptbahnhof) mit der stolzen Spurweite von 1440 mm, also noch 5 cm breiter als die der Eisenbahn. Wiederum nach Blasewitz fuhr die erste elektrische Straßenbahn Sachsens, jetzt sogar auf 1450 mm. Ein Konkurrenzunternehmen eröffnete einige Monate später (1893) seine erste Linie vom Schillerplatz nach Laubegast. Leider kommt im Druck der Lyrastromabnehmer des Triebwagens nicht zur Geltung – aber: In der Dresdener Innenstadt erlaubte die Polizei ab 1895 keine Oberleitung mehr! Folglich hatten beide Gesellschaften für diese Linien Akkumulatorentriebwagen zu beschaffen. Erst ab 1906 (nachdem die Stadt das inzwischen auf 230 km gewachsene Netz des sehr ausgedehnten Stadtgebietes übernommen hatte) durfte wieder ökonomischer gefahren werden. In Loschwitz gab und gibt es noch eine Stand- (1891) und eine Schwebeseilbahn (1901) zu bestaunen und zu benutzen.

Straßenbahnen in Berlin (1911 – L) Beinahe hektisches Verkehrsgetriebe vom Berliner Potsdamer Platz nach der Jahrhundertwende dokumentiert diese Karte. Berlin erhielt die erste elektrische Straßenbahn Deutschlands: 1881 in Lichterfelde. 1884 folgte Offenbach, 1891 Halle, 1893 Dresden und Chemnitz, 1894 Erfurt, 1895 München und 1896 Leipzig. Von den bescheidenen Anfängen der «Funkenkutschen» ist auf unserem Bild natürlich nicht mehr viel zu sehen – bis auf eines: die Fahrer standen noch immer auf offenem «Perron» an der Kurbel, was speziell bei schlechtem Wetter kein Vergnügen war. Lange Zeit weigerten sich die Straßenbahngesellschaften hartnäckig, die Führerstände wenigstens teilweise zu verglasen, oft mit scheinheiligen Argumenten: Käme ein Passant vor den Wagen, so könnte der Fahrer leicht, dank des offenen Führerstandes, den Unglücklichen durch rasches Hochheben vor dem Überfahrenwerden bewahren. Zur damaligen Mißachtung des Fahrpersonals gab es eine Parallele aus dem Lokomotivbau. Auch dort hielten die Eisenbahngesellschaften geschlossene Führerhäuser lange Zeit für überflüssig und geeignet, das Personal am gehörigen Beobachten der Strecke zu hindern. Ein seinerzeit vielgedruckter Aufsatz des Eisenbahningenieurs *Max v. Weber* (des Sohnes des Komponisten *Carl Maria v. Weber*) bewirkte schließlich zögernde Einsicht auch bei den Aktionären. Immerhin dauerte es noch bis 1919, ehe das Straßenbahnpersonal einige soziale Erleichterungen seines Berufes erfuhr.

Berliner U-Bahn (1908 – L) Auf die Sensationsgier der Käufer spekulierte der Verleger dieser Karte, damit aber auch ein gestochen scharfes Zeitdokument aus dem wilhelminischen Berlin mit seiner romantisierenden Backsteinzweckarchitektur liefernd. Interessanter als die mangelhafte Absperrung der Unglücksstelle ist aber die elektrische Bahn selbst. Nachdem die Stadtbahn mit ihrem leistungsschwachen Dampfbetrieb immer weniger des Massenverkehrs Herr wurde, entstand ab 1902 ihr südlicheres Gegenstück, die von der «Gesellschaft für elektrische Hoch- und Untergrundbahnen» eingerichtete zweigleisige Bahn. Die erste Strecke von der Warschauer Brücke zum Zoologischen Garten, mit Abzweig zum Potsdamer Platz, war bis auf ein kleines Stück als Hochbahn auf gemauerten Brücken ausgeführt. Bei den sich bald anschließenden Erweiterungen ging man allerdings dann meist unter die Erde. Dazu bohrten die Bauleute aber keine Tunnel, sondern schlitzten Straßen auf, was Berlin zum ständigen Bauplatz machte. Etwas preisgünstiger war – soweit möglich – die Verlegung als Hochbahn auf eisernen Pendelstützen, wie etwa in der Schönhauser Allee. Die Bahn verkehrt bis heute auf Regelspurweite, hatte allerdings anfänglich ein kleineres Streckenprofil. Zur Abnahme der 750 V Gleichspannung wurden links oder rechts vom Gleis Stromschienen angebracht, die die vier 70-PS-Motoren je Wagen versorgten. Zur Zeit unserer Aufnahmen wurden im Jahr nicht weniger als etwa 50 Millionen Fahrgäste befördert.

Sommerstraßenbahnzug (etwa 1914 – A) Der dreiteilige Straßenbahnzug ist bei dieser Straßenszene aus Breslau (Wrocław) unübersehbar. Das Besondere sind die sommerlichen Aussichtswagen. Solche Fahrzeuge erfreuten sich in mehreren Städten großer Beliebtheit – außer, wenn ein plötzlicher Regenguß auftrat. Dem Schaffner oblag es – da die Quersitze keinen inneren Durchgang gestatteten –, während der Fahrt über die Längstrittbretter zu balancieren, um zu kassieren. Die Älteren unter uns kennen sicher noch die alten Abteilwagen der Eisenbahn – dort hatten die Schaffner ein ähnliches «Vergnügen» – nur bei meist höheren Fahrgeschwindigkeiten. Regnete es bei Betrieb mit Sommerwagen, konnten Segeltuchvorhänge herabgelassen werden. Man stelle sich das praktisch bis ins Detail vor! Sicher nicht zuletzt wegen der erhöhten Unfallgefahr sind derartig luftige Gefährte später ausgemustert worden. Der Motorwagen ist ein Erzeugnis einer ortsansässigen Firma, und zwar in vierachsiger Ausführung. Mit 21 Sitz- und 14 Stehplätzen waren die Fahrzeuge recht großzügig ausgelegt. Ferner konnten die Fenster versenkt werden. Eine weitere Anleihe vom Eisenbahnwagen waren Gepäcknetze über den Sitzen. Ungewöhnlich mußten dem Fremden die nach amerikanischem Vorbild mit Rattangeflecht überzogenen Quersitze erscheinen, während Lattenroste auf dem Fußboden beispielsweise das Suchen nach heruntergefallenen Münzen sicher recht unerquicklich machten. (Und Stöckelabsätze soll es damals auch schon gegeben haben.)

Elektrische Überlandbahn (1901 – S) Diese Karte beweist, daß Straßenbahnen nicht nur Groß- oder Mittelstädten vorbehalten sein müssen. Auch *Luthers* Geburts- und Sterbeort Eisleben im Mansfelder Bergrevier erhielt 1900 eine elektrische Bahn. Die meterspurige Linie verließ allerdings das Städtchen in zwei Richtungen – war also eine Überlandbahn und fuhr etwa 32 km. Insgesamt wurden durch sie 12 Städte und Gemeinden miteinander verbunden; in Eisleben selbst gab es nur eine Stichbahn zum Bahnhof. 22 größtenteils vierachsigeTriebwagen wurden bis zur Einstellung des Betriebes 1922 angeschafft, übrigens mit verglasten Führerständen. Wie damals üblich, geschah die Stromabnahme über Stangenstromabnehmer, was zu den mundartlichen Bemerkungen der beiden wackeren Alten Anlaß gegeben haben mag. Abwegig ist die Idee, eine Straßenbahn an einem Seil zu «drecken» (zu ziehen), gar nicht (z.B. gibt es eine Kabelbahn in San Francisco und die Standseilbahnen). Schwierig war die Stromversorgung dieser Bahn, da ein öffentliches Elektrizitätsnetz noch nicht existierte. Wie in vielen anderen Städten mußte daher ein eigenes Bahnkraftwerk errichtet werden, das dann gleich noch Kleinabnehmer entlang der Strecke mitversorgte. Wirtschaftlicher Anstoß zum Bau der Bahn war vor allem der Berufsverkehr zwischen den vielen kleinen Bergarbeitersiedlungen und den Schächten, Hütten sowie Eisenbahnstationen. So ist es nicht verwunderlich, daß die Wirtschaftskrise nach dem ersten Weltkrieg das Unternehmen zunichte machte.

Wuppertaler Schwebebahn (1911 – L) Die älteste Einschienenbahn der Welt (sieht man von Projekten und erfolglosen Versuchsbahnen ab) entstand von 1898 bis 1903 nach Vorstellungen von *Eugen Langen,* der sich auch um die Förderung des Ottomotors große Verdienste erwarb. Den Dieselmotor machte hingegen jene Firma marktreif, die die abgebildete originelle Bahn hauptsächlich ausführte. Die 13,5 km lange doppelgleisige Strecke zwischen Barmen, Elberfeld und Vohwinkel wird über Kehren (9 m Halbmesser) im Ringverkehr mit 18 Haltestellen betrieben. Die Wagen (12 t Leermasse) wurden entweder einzeln – wie auf der Karte zu sehen – oder in Zügen von zwei bis fünf Wagen gefahren, maximal mit 40 km/h. In der Ursprungsausführung hatten die Fahrzeuge 30 Sitz- und 20 Stehplätze, zwei Klassen und Nottüren: zum Übersteigen in den Gegenzug. Sie hingen an je zwei Drehgestellen, die von je einem 36-PS(26,4 kW)-Elektromotor angetrieben wurden. Die Lieferfirma der Wagen fertigte übrigens auch einen der beiden legendären Eisenbahnschnelltriebwagen, die 1903 mit 210 km/h (!) versuchsweise zwischen Marienfelde und Zossen unter drei Oberleitungen dahinrasten. Gut erkennbar sind auf der Karte die in 20 bis 30 m Abstand befindlichen Pendelstützen, die gemeinsam mit festen Stahljochen das Schienengerüst – 8 m hoch über der Straße bzw. 10 km lang immer über der Wupper – halten. Trotz offensichtlicher Vorteile der Einschienenbahnen (das erste Patent dafür stammt von 1821) sind jene noch heute absolute Ausnahmen und bilden vor allem Attraktionen in Freiluftausstellungen.

Automobile

«Das Automobil wurde in Deutschland geboren, aber in Frankreich erzogen», sagen die Franzosen mit gewisser Berechtigung. Unmittelbar nach den ersten Mustern von *Karl Benz* und *Gottlieb Daimler* (1886/89) erwarb die französische Firma Panhard & Levassor Lizenzen; später folgten bald mit eigenen Konstruktionen *Peugeot* und *Renault*. Viele andere sind heute längst vergessen. In Frankreich fand 1894 auch die erste Automobilwettfahrt statt. Von den 102 Fahrzeugen waren zwar nur 38 «Benziner», bald aber hatte bei den vielen Leistungsvergleichen der «echte» Motorwagen kaum noch Konkurrenten. Und dies – obgleich Dampfmobile sich noch einige Zeit auf den Straßen behaupten konnten (vgl. S. 158). Elektroautos freilich – und dies ist bis heute so geblieben – sind wegen der geringen Kapazität und des hohen Gewichts ihrer Batterien gehandicapt.
Die Durchschnittsgeschwindigkeit betrug bei den ersten Rennen nur etwa 25 km/h – mit der Eisenbahn reiste man wesentlich rascher. Doch wenige Jahre später schafften Rennwagen mit Ottomotoren schon 105 km/h (vgl. wieder S. 158); ihre Leistung erwuchs aus voluminösen Motoren. Dementsprechend bewegten sich Preise für die anfänglich noch sehr spartanisch ausgerüsteten Autos in beträchtlichen Höhen.

Automobildroschken (etwa 1914 – A) Eine Straßenbahn, ein Landaulet mit beängstigender Auslage des Klappverdecks, eine Pferdedroschke und zwei Autodroschken (Taxis) tummeln sich auf dem Bahnhofsvorplatz von Lille. Zur Zeit der Aufnahme war der Differenzierungsprozeß im Kraftwagenbau bereits weit fortgeschritten: Luxuskarossen, Kleinwagen, Lastautos, Omnibusse, Traktoren, Motorpflüge, Feuerwehren, Krankentransporter und eben auch Taxis. In Berlin fuhren 1899 die ersten. Die Fortschritte in der Automobiltechnik kamen auch den Mietwagen zugute, die ja recht strapazierfähig sein mußten. Um 1914 konnten aus vier Zylindern mit reichlich zwei Litern Hubraum knapp 25 PS (18,4 kW) gezogen und 70 km/h gefahren werden. Und wieviel «schluckte» ein solches Alltagsauto? 15 Liter «Normal» auf 100 km.

Postkutsche (1897 – S) Zunächst folgt die Abbildung einer Postkutsche, weil diese Fahrzeuge Vorbild hinsichtlich der äußeren Gestaltung der Automobile waren. Die pferdegezogene Kutsche ist gleichzeitig Beweis dafür, wie relativ langsam sich früher die technische Entwicklung vollzog. Die Wagen der alten Römer z.B. fuhren im Prinzip auch nicht langsamer als die Postkutschen bis ins 20. Jahrhundert hinein. Erst die Eisenbahn brachte nach den 30er Jahren des 19. Jahrhunderts entscheidende Geschwindigkeitserhöhungen, die «Rollwagen» aller Art allmählich verdrängend, wozu dann später auch der Kraftverkehr beitrug. Kutschen und speziell Postkutschen gab es in den mannigfaltigsten Bauarten und für unterschiedliche Geschwindigkeiten. Sie waren z.T. bereits gefedert und wettergeschützt, besonders solche, die von den Begüterten benutzt wurden. Man unterschied die gewöhnlichen (ordinari) Posten und Fahrposten, die nach festen Plänen Personen sowie Pakete beförderten, von den Extraposten. Jene erforderten stärkere Bespannung, und die Pferde wurden auch öfters ausgewechselt. Hierzu unterhielt die Post Pferdewechselstationen (Relaisstationen). Eine Diligence – eine solche zeigt die Karte – war eine Eilpost, die auf Hauptrelationen fuhr. Von Journalieren sprach man bei täglich verkehrenden Posten. Karriolposten waren meist zweirädrige Postwagen, die auf Nebenstrecken mit schwachem und unregelmäßigem Verkehr betrieben wurden. Häufig kam es auch dazu, daß Kutschen umkippten oder Achsenbrüche hatten.

Zweisitzer (1900 – L) Für einen Privatkunden «montierte» ein Postkartenproduzent im Jahre 1900 diese Karte. Der dargestellte Panhard-Levassor von 1893 mit 4 PS (2,9 kW) 20 km/h kann seine Abstammung von der Pferdekutsche schwerlich leugnen, das «Lenkrad» scheint die Kurbel einer Klotzbremse zu sein. Holzspeichenräder, fehlende Türen und sogar ein uniformierter Diener, hinter der «Herrschaft» stehend, zeugen von Unsicherheit in der äußeren Gestaltung moderner Technik, aber auch Exklusivität. Die meisten Sorgen dürfte man mit den Reifen gehabt haben. Vor 1905 trugen sie noch kein Profil. Dies war bei den kleinen Geschwindigkeiten weniger gefährlich als herumliegende Hufnägel. Da die angetriebenen Hinterräder groß, die Vorderräder wegen begrenzten Lenkeinschlages aber klein sein mußten, waren eben auch unterschiedliche Ersatzreifen mitzuführen. Weil es sich um Wulstreifen ohne Drahteinlage handelte, sprangen sie häufig von den Felgen. Um ausreichende Tragfähigkeit zu erzielen, pumpte man sie mit 3 bis 6 atm (294 bis 587 kPa) auf. Komplette Ersatzräder waren noch nicht üblich, da die Achskonstruktionen keinen problemlosen Radwechsel erlaubten. Den Drahtspeichenrädern, wie sie bereits *Karl Benz* bei seinen ersten Autos verwendete, zog man wegen größerer Stabilität solche mit Holzspeichen vor. Wenig dauerhaft waren auch ohne Pannen die Reifen: Wegen zu dichten Tragegewebes zerwalkten sich die «Pneus» sehr schnell; an lockerere Cordgewebe dachte noch keiner.

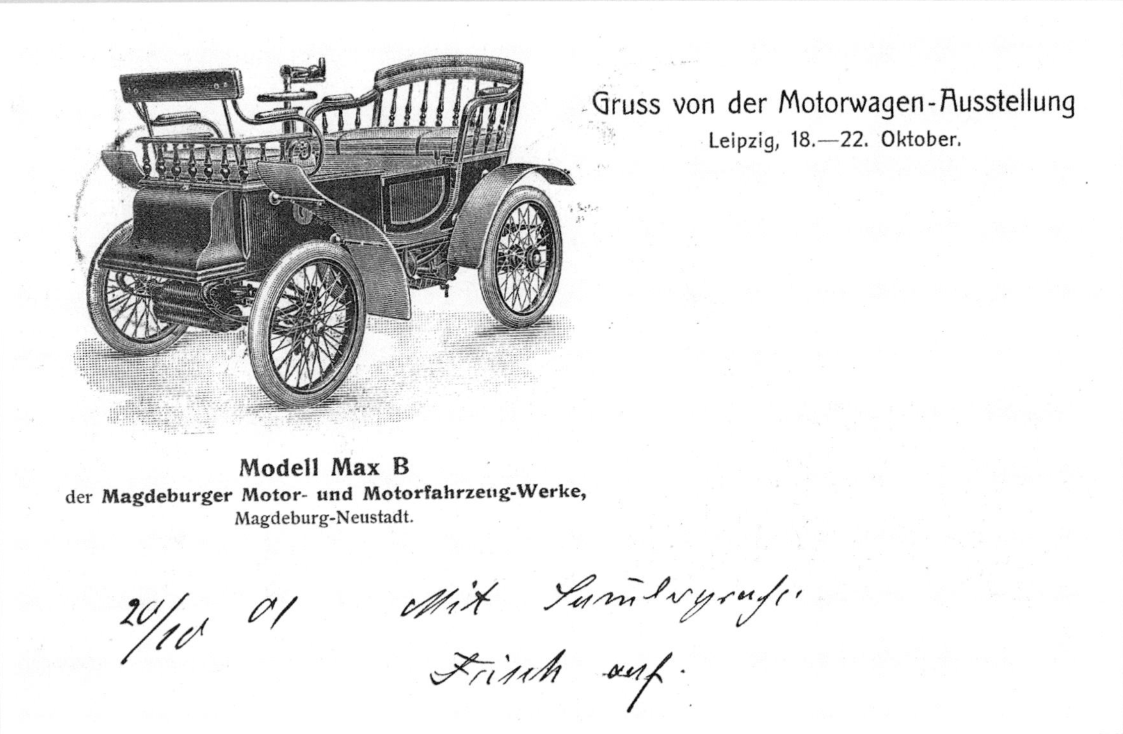

Vis-à-vis-Viersitzer (1901 – H) Beim «Max B» fragt man sich, wie der Fahrer wohl die Straße beobachtet haben mag. Gedrechselte Holzsäulen, bescheidene Polsterung, aber – Achsschenkellenkung. Letztere bedeutete nicht nur eine äußere Abkehr vom Kutschwagen, sondern war auch nötig, weil kein genügend langer Hebel zum Verdrehen einer ganzen durchgehenden Achse zur Verfügung stand. Bekannt war die Achsschenkellenkung seit 1817; aber erst *Karl Benz* führte sie wieder ein und erkannte auch, daß das kurveninnere Vorderrad stärker als das andere eingeschlagen werden muß. Mit einer senkrechten Lenksäule – wie hier – wurden Drehbewegungen über ein Ritzel (Antriebszahnrad), in der Längsachse des Fahrzeuges liegende doppelte Zahnstangen und einen Gabelhebel auf die Spurstangen übertragen. Bereits um 1900 kamen die bequemeren geneigten Lenksäulen auf, die aber andere Mechaniken verlangten. Ferner erkennen wir am «Max B» dünne Naben ohne Bremstrommeln. Die vom Pferdewagen übliche Klotzbremse war bestenfalls als Feststellbremse (oder Reifentöter) geeignet. Zunächst ordnete man auf der Hinterachse Trommeln an, über die Stahlbremsbänder liefen. Innenbackenbremsen am Kardangelenk wurden erst ab 1903 üblich. Unser Oldtimer zeigt – gemessen an den Sitzen – einen extrem kurzen Radstand. Augenscheinlich hat er auch keinen Rahmen, sondern eine nur unstabile «selbsttragende» Karosserie. Am Vorderrad sind bereits Halbelliptikfedern erkennbar; Stoßdämpfer fehlen aber generell.

Gebrauchsfahrzeuge (1908 – E) Wie aus einem vergilbten Familienalbum mutet diese Karte an. Der Fahrer der Motorcyclette (links) hat für die Aufnahme sein Fahrzeug aufgebockt. Beim Lieferwagen wurde die gesamte untere Mechanik eingehüllt und mit Riemen verschnürt – wenn das Auto schon so viel Geld gekostet hatte, sollte es doch auch lange halten und viele Jahre etwas leisten. Hier stehen keine Luxusfahrzeuge, sondern robuste Alltagsgefährte im Gebrauch von Menschen, die sich das Geld dazu verdienen mußten. Die Sorge des Lieferwagenbesitzers um Getriebe, Motor sowie Zündung ist verständlich. Überhaupt die Zündung! *Karl Benz* experimentierte mit Bleiakkus, Unterbrecher und Induktionsspulen, wie wir sie bis heute in ähnlicher Art benutzen. Weniger störanfällig schien aber damals die einfache ungesteuerte Glührohrzündung von *Wilhelm Maybach* zu sein, bei der ein kleines Röhrchen im Zylinderkopf von außen durch ein Flämmchen erhitzt wurde. Ab 1900 hat *Robert Bosch* Magnetzündungen gebaut, entweder als Niederspannungsabreiß- oder später als Hochspannungszündungen mit Spulen auf einem rotierenden Anker. Ihr Prinzip setzte sich rasch durch und wurde auch im abgebildeten Auto schon verwendet. Später kam man wieder auf die Batteriezündung zurück, da für die umfänglicher werdende Elektrik ein Energiespeicher ohnehin benötigt wurde. Bei «unserem» Wagen genügten noch Petroleumlampen. Rückleuchten, Scheibenwischer, Anlasser usw. waren noch nicht üblich. Allerdings wogen Bleibatterien viel, und ihre geregelte Nachladung während der Fahrt war schon problematisch.

Leipzig

Auto-Omnibus am Hauptbahnhof

Kraftomnibus (1913 – R) Zwar hatte um die Jahrhundertwende die Straßenbahn den Pferdeomnibus verdrängt, ein schienenloses Massenverkehrsmittel erschien aber immer wieder verlokkend und gewinnbringend. Mit dem Aufkommen der Verbrennungsmotoren war der Schritt vom Dampfomnibus zum verlängerten Benzin-PKW mit Hinterachskettenantrieb nicht mehr weit. Vorbilder waren der LKW und auch der alte doppelstöckige Pferdeomnibus. *Daimler* und *Dürkopp* vollbrachten ab 1904 mit Benzinbussen Pionierarbeit. Schwierigkeiten machten die arg strapazierte Kupplung, das «Schwimmen» auf den schmalen Vollgummireifen und der hohe Benzinverbrauch. Einen Vertreter der früheren Busse mit wirtschaftlichen Langsamläufermotoren von maximal 40 PS (29,4 kW) zeigt die Karte: Fahrgestell und Motor stammen von *Dürkopp* und *Büssing,* den Aufbau steuerte eine Zwickauer Firma bei. 15 Plätze im verglasten Fahrgastraum, 18 Sitzplätze auf dem Oberdeck und je drei Stehplätze im Innenraum sowie auf der Plattform charakterisieren dieses Fahrzeug, besonders aber die originellen Scheinwerfer auf dem Dach. Die Abbildung ist übrigens eine Fotomontage: Mit Fahnen und Girlanden geschmückt wurde der Bus mit seinen Insassen am 8. Februar 1913 zur würdigen Eröffnung des Kraftomnibusverkehrs in Leipzig in der Innenstadt photographiert und dann vor die damals schon fertiggestellte Westhalle des Hauptbahnhofes «geklebt». Da auf dem Original das Vorderrad etwas verdeckt war, wurde es mit dem Retuschierpinsel ergänzt. Das Wort «Omnibus» kommt aus dem Lateinischen und heißt schlicht «für alle».

Luftfahrzeuge

Der Traum des Menschen, sich wie ein Vogel in die Lüfte erheben zu können, ist uralt. Typischer Ausdruck dafür ist die Ikarus-Sage. Zuerst gelangen Ballonflüge (1783). Sie sind durch das Prinzip «Leichter als Luft» gekennzeichnet. Die Weiterentwicklung, nämlich einen Ballon durch Zusatzantrieb horizontal zu bewegen, war dann im 18. Jahrhundert bereits mit realistischen Vorstellungen verknüpft. Über teilweise originelle Projekte kam man aber selten hinaus. Mindestens fünf Probleme waren zu lösen: eine widerstandsfähige, aerodynamisch günstige Form, leistungsfähige und dabei leichte Antriebsmaschinen, die Stabilisierung der «Zigarre» während des Fluges, ein genügend leichtes und preiswertes Gas zur Erzeugung des Auftriebs – und die Beschaffung der enormen finanziellen Mittel. Das Geheimnis des Fliegens nach dem Prinzip «Schwerer als Luft» – im Gegensatz zur Ballon- bzw. Luftschiffahrt – besteht darin, daß bei einer geeignet gewölbten Fläche im Luftstrom die Luft an der Oberseite der Fläche eine höhere Geschwindigkeit als an der Unterseite erreicht, was auf der Oberseite einen Unterdruck bewirkt. Die Tragfläche wird gewissermaßen nach oben gesaugt, sie erfährt «dynamischen Auftrieb» (bei Ballons spricht man vom statischen Auftrieb). Beim Flugzeug zieht ein Motor oder heute der Düsenantrieb die Tragfläche durch die an sich ruhende Luft, wobei der Auftrieb entsteht.

Fesselballon (1897 – S) Auf der genannten Ausstellung finanzierte das Modehaus *August Polich* Ballonaufstiege am Seil unter dem französischen Ballonflieger *Louis Godard*. Ein Ballon vollführte zuletzt (etwas unfreiwillig) am 19./20. 10. 1897 einen Freiflug von Leipzig über das damalige Ostpreußen im großen Bogen bis nach Tarnau – in $24^{1}/_{4}$ Stunden 1665 km.

Das Zeppelin-Projekt (1899 – S) Diese Karte zeigt, was erst ein Jahr später vollendet wurde: den in Wirklichkeit allerdings etwas anderen ersten «Zeppelin». Sein Erbauer, *Ferdinand Graf v. Zeppelin* (1838 bis 1917), war als hoher Offizier 1890 aus dem Militärdienst ausgeschieden, wandte sich aber dennoch an den Kaiser und Generalstab zur Unterstützung seines Projektes – erfolglos. Das ihm 1895 erteilte Patent für einen «Schleppzug der Lüfte» fand sich in der Klasse «Sport und Spiele» wieder (!). Eine Kommission deutscher Ingenieure schätzte aber schließlich sein umgearbeitetes Projekt 1898 positiv ein. Nach zwei Baujahren war ein Luftschiff mit 11000 m^3 Inhalt, baumwollstoffbespanntem Aluminiumgerippe, 16 Gaszellen und zwei 16 PS (11,8 kW) starken Motoren, die vier Luftschrauben trieben, vollendet. Das Starrluftschiff ist theoretisch beliebig groß auslegbar. Auch bei Gasverlust, aber intakten Motoren, kann durch leichte Anstellung des Flugkörpers ein hoher dynamischer Auftrieb – wie beim Flugzeugtragflügel – erzielt werden. Nachteile dieser Bauart sind das hohe Gewicht und die große Windempfindlichkeit am Boden. Letzteres erforderte gewaltige Luftschiffhallen zum Schutz der «Riesenzigarren». Der erste 128 m lange Zeppelin flog am 2. Juli 1900 über den Bodensee mit 31 km/h, weder zerbrach noch explodierte er gemäß den Erwartungen von Kritikern und Spöttern. Trotz dieses Erfolges gelang es *Ferdinand Graf v. Zeppelin* zunächst nicht, die erschöpfte Kasse seines Unternehmens wieder aufzufüllen.

Luftschiffhalle Metz (1910 – A) Erst eine Lotterie in Württemberg ermöglichte 1905 den Bau eines zweiten Luftschiffes. Dieses mußte aber wegen Sturmschäden am Boden demontiert werden. Der dritte Zeppelin von 1906 legte 350 km in acht Stunden zurück, was die Militärs zu interessieren begann. Das vierte Luftschiff, 136 m lang, 2 Motoren zu je 100 PS (73,5 kW), bestand, unter Aufsicht der Militärverwaltung, 1908 eine Fahrt vom Bodensee nach Zürich und zurück. Nach der Landung wurde es durch ein Gewitter beschädigt und verbrannte in Sekunden. Diese Fahrt sowie der Eindruck des Unglücks führten jedoch *Ferdinand Graf v. Zeppelin* in einer Art Trotz-alledem-Haltung innerhalb weniger Wochen über 7 Millionen Mark aus ganz Deutschland zu. Sein Luftschiff wurde zu einem Symbol «deutscher Größe und Herrlichkeit» gemacht. Luftschiffhallen entstanden nach und nach in Friedrichshafen, München, Berlin, Baden, Potsdam, Düsseldorf, Frankfurt (Main), Hamburg, Köln, Trier, Dresden, Leipzig oder, wie durch die Karte von 1910 belegt, in Metz. Der abgebildete Zeppelin läßt wichtige Baumerkmale der früheren Konstruktionen gut erkennen: Weit ab vom Rumpf stehen die Träger der über Kardanwellen angetriebenen Luftschrauben, die Motoren beengten die «Freiluftgondeln» (spätere Zeppeline hatten komfortable Fahrgastkabinen). Seiten- und Höhenruder befinden sich noch nicht als kombiniertes Leitwerk – äußerlich ähnlich dem bei «Dirigeable» – am Heck. Bei dem Bild könnte es sich um das 1910 bereits veraltete Luftschiff Nr. 3 handeln (vgl. hierzu die Übersicht auf S. 89).

System Parseval und halbstarres Luftschiff
(1909 – E) Die von Professor *Parseval* für das preußische Kriegsministerium gebauten Pralluftschiffe hatten in der Ausführung von 1909 (auf der Karte rechts) 5600 m^3 Inhalt und wurden durch zwei Ballonetts prallgehalten. Die Seitensteuerung geschah mit der gut erkennbaren rechteckigen Ruderfläche am Schiffsheck, die Höhensteuerung hauptsächlich durch Regulieren der Drücke in den Ballonetts. Auf der Karte ist im Vordergrund noch das «Militärluftschiff» abgebildet. Seine Ballonhülle war vielfach mit einem flachen Rahmen verbunden; gesteuert wurde es wie der Parseval. Später erzeugte man die Trimmung bei diesem halbstarren System durch Umpumpen von Wasserballast. Beim ersten Zeppelin (siehe «Zeppelin Projekt») diente zur Trimmung übrigens das weit durchhängende und gut erkennbare Seil unterhalb des Luftschiffes, auf dem ein Laufgewicht verschoben werden konnte. Ähnliche Probleme gab es auch mit U-Booten; oft genug mußten da die Matrosen schwere Gewichte vom Bug zum Heck (oder umgekehrt) schleppen. Der Vergleich des Luftschiffes zum U-Boot ist gar nicht so absurd – beide Fahrzeuge schweben in dem sie umgebenden Medium. Dichteänderungen und Strömungen von Luft bzw. Wasser verlangen große Steuerkunst, zumal Positionsveränderungen (wegen meist fehlender Bezugspunkte) nur indirekt festgestellt werden können. Nicht nur Form, Antrieb und Benutzungsrisiko zeigten Parallelen, sondern auch das letztendliche Scheitern beider Fahrzeuge als Waffen im ersten Weltkrieg: Gemessen an ihren «Erfolgen» erlitten sie enorme Verluste.

Pralluftschiff «Ville de Nancy» (etwa 1914 – L) Die meisten vor 1900 gebauten Luftschiffe waren «prall», die Stabilität ihrer äußeren Form ergab sich erst mit dem «Aufpumpen». Der Vorteil der Pralluftschiffe liegt auf der Hand: Sie sind leicht und lassen sich zusammengelegt am Boden gut transportieren oder aufbewahren. Andererseits können sie nur bis zu etwa 10000 m^3 Inhalt und damit begrenzter Tragfähigkeit gebaut werden; auch sind sie stark temperatur- sowie beschädigungsempfindlich. Pralluftschiffe wurden außer in Deutschland vor allem in Frankreich gebaut. Hier bestimmten ebenfalls weitgehend militärische Motive die Entwicklungen. Pralluftschiffe werden übrigens nicht vollständig durch «leichtes» Gas gefüllt (man benutzte dazu den gefährlichen Wasserstoff anstelle des außerordentlich teuren und damals noch gar nicht in nennenswerten Mengen herstellbaren Heliums). In der wasserstoffgefüllten Ballonhülle befinden sich vielmehr kleinere Ballonetts, die durch Preßluftfüllungsveränderung von außen auch bei Temperaturschwankungen den Ballon stets prall halten können. Daher ist der Ballon mit der darunter befindlichen Gondel noch durch eine Preßluftleitung verbunden. Büßt der Ballon aus irgendwelchen Gründen Gas ein, verliert er nicht nur statischen Auftrieb, sondern auch seine Manövrierfähigkeit. Die erkennbaren Heckruder würden schlaff, und der Name vom Typ «Le Dirigeable» (etwa: Der Steuerbare) wäre nicht mehr zutreffend. (Schon durch einen Schuß könnte das bewirkt werden.)

Luftschiffhafen Leipzig (1913 – A) Neben einem Porträt *Zeppelins* sind auf der Karte nicht nur die »größte Luftschiffhalle der Welt» und hineinretuschierte Flugzeuge zu sehen, sondern auch das Luftschiff «Sachsen». Es ist vom Typ der «Schwaben», mit der *Hugo Eckener* als großartiger Pilot 1911 den Luftschiffverkehr erfolgreicher gestaltete. Insgesamt wurden von 1910 bis 1914 mit etwa 16000 Fahrten 37000 Passagiere über 150000 km geflogen. Größere wirtschaftliche Erfolge aber stellten sich dann nach dem ersten Weltkrieg ein, insbesondere bei den spektakulären Transatlantikfahrten unter den Kapitänen *Eckener* und *Lehmann*. Mit der furchtbaren Brandkatastrophe von Lakehurst 1937 war dann aber das Ende der Zeppeline technisch und politisch besiegelt. Das in nachstehender Tabelle in aller Kürze dargestellte Schicksal der 25 Zeppeline, die von 1900 bis zum Ausbruch des ersten Weltkrieges 1914 gebaut wurden, zeigt recht deutlich deren Nichteignung für militärische Zwecke. Durch die Spalten der heutigen Tagespresse geistert aber immer wieder das Problem einer «Renaissance» der Luftschiffe für Lastenfahrten. Als Reklameträger waren sie ohnehin nie ganz ausgestorben. Heute verfügen wir über viel stärkere Motoren, wissen, daß man nur unbrennbares Gas (Helium) verwenden darf, und daß diese Luftfahrzeuge sehr witterungsabhängig sind. Unter Berücksichtigung solcher Fakten wäre es wohl denkbar, Luftschiffe jetzt besser beherrsch- und nutzbar zu machen. Projekte dafür bestehen viele.

Die zwischen 1900 und 1914 (Juli) gebauten deutschen Luftschiffe und ihre «Schicksale»

Werft-nummer	Name	Fahrten erste	letzte	Ereignisse
1	–	2. 7. 1900	1900	wegen Geldmangels abgebaut
2	–	30. 11. 1905	17. 1. 1906	nach Notlandung durch Sturm zerstört
3	–	9. 10. 1906		nach Umbau als Z 1 geflogen
	Z I		1913	in Metz abgebaut, da veraltet
4	–	20. 6. 1908	5. 8. 1908	Bei Echterdingen verunglückt und zerstört
5	Z II	26. 5. 1909	25. 4. 1910	bei Limburg (Lahn) den Haltemannschaften bei Sturm entrissen und führerlos in einem Wald bei Weilburg (Lahn) zerstört
6	–	25. 8. 1909		nach Umbau als D geflogen
	D		14. 9. 1910	in der Halle Baden-Oos verbrannt
7	Deutschland	19. 6. 1910	28. 6. 1910	im Teutoburger Wald bei Wallendorf zerdrückt und danach abgebaut
8	Ersatz-Deutschland	30. 3. 1911	16. 5. 1911	bei Hallenausfahrt durch Seitenwind zerbrochen
9	Z II (EZ II)	2. 10. 1911		umgebaut
			1. 8. 1914	veraltet, in Gotha abgebaut
10	Schwaben	26. 6. 1911	28. 6. 1912	in der Halle Düsseldorf verbrannt
11	Viktoria Luise	14. 2. 1912	1915	bei Hallenmanöver in Liegnitz beschädigt, danach als veraltet abgebaut
12	Z III	25. 4. 1912	1914	veraltet, abgebaut
13	Hansa	30. 7. 1912	1916	veraltet, in Berlin-Johannisthal abgebaut
14	L 1	7. 10. 1912	9. 9. 1913	nördlich Helgoland im Gewittersturm untergegangen
15	EZ I	16. 1. 1913	19. 3. 1913	bei Karlsruhe nach Notlandung durch Sturm zerstört
16	Z IV	14. 3. 1913	1916	veraltet, in Jüterbog abgebaut
17	Sachsen	3. 5. 1913		umgebaut
			1916	veraltet, in Düren abgebaut
18	L 2	9. 9. 1913	17. 10. 1913	in Berlin-Johannisthal durch Knallgasexplosion zerstört
19	2. EZ I	6. 6. 1913	13. 6. 1914	bei Diedenhofen auf einer Übungsfahrt gestrandet
20	Z V	8. 7. 1913	28. 8. 1914	nach Angriff (erster Weltkrieg!) an der Balkanfront hinter der feindlichen Linie gelandet
21	Z VI	10. 11. 1913	6. 8. 1914	bei einem Luftangriff auf Lüttich schwer beschädigt, bei Bonn danach gestrandet und dort abgebaut
22	Z VII	8. 1. 1914	23. 8. 1914	Notlandung wegen Beschusses in Frankreich (evtl. bereits am 21. 8. gestrandet)
23	Z VIII	21. 2. 1914	23. 8. 1914	bei Badonvillier (Badenweiler) durch Feuer gestrandet
24	L 3	11. 5. 1914	17. 2. 1915	an der dänischen Küste bei Fanö durch Schneesturm gestrandet
25	Z IX	29. 7. 1914	8. 10. 1914	in Düsseldorf durch einen Fliegerangriff zerstört

Die weiteren Zeppelinbauten fielen dann in die Zeit des ersten Weltkrieges und danach; sie liegen somit außerhalb unseres Betrachtungszeitraumes. Heeresluftschiffe trugen die Buchstaben Z (EZ, Ersatz-Z); Marineluftschiffe den Buchstaben L. Der Luftschiffbau lieferte sie als LZ aus.

Voisin-Doppeldecker über Paris (1911 – K) Der erste Motorflug der Geschichte war in den USA den Mechanikern *Orville* und *Wilbur Wright* am 17. Dezember 1903 gelungen. 12 Sekunden (!) lang währte der 53 m weite «Hopser». Europäische, hauptsächlich französische Flieger, zogen bald nach, im steten Wettlauf um Rekorde, Preise, Aufträge der Kriegsministerien begriffen. 1907 schaffte der Franzose *Henri Farman* mit einer Voisin-Maschine schon reichlich 42 km/h – noch vergleichsweise gering zum Automobil, wo die Geschwindigkeiten indessen bis zu 200 km/h lagen. *Delagrange* hielt sich 1908 reichlich 15 Minuten in der Luft, *Wilbur Wright* im Dezember des gleichen Jahres sensationelle zwei Stunden 20 Minuten; *Louis Blériot* schaffte am 25. Juli 1909 den Sprung über den Ärmelkanal; der Franzose *Hubert Latham* wagte sich bei der Reimser Flugwoche ohne Fallschirm in 158 m Höhe. 1911 ließ sich der Absender der Karte durch Stempel bescheinigen, auf der obersten Plattform des Pariser Eiffelturmes gewesen zu sein. Womöglich machte er auch eine Fahrt mit dem am rechten Kartenrand abgebildeten Riesenrad. Wesentlich luftiger muß es aber auf dem Flugapparat der Brüder *Voisin* zugegangen sein. Die Kastendrachen ähnelnden Doppeldecker der *Voisins* von 1908/09 mit 10 m Spannweite, 11,5 m Länge, 50-PS-Motor (36,8 kW), Fluggewicht etwa 550 kg, 70 km/h fanden aber dennoch guten Absatz. Als der belgische Baron *de Cates* 1909 mit einem solchen Flugzeug in Berlin-Johannisthal erschien, tauften die Zuschauer den Apparat flugs «Stube-Kammer-Küche» – der vielen Kästen wegen.

Farman-Doppeldecker (1913 – L) Der Konstrukteur der abgebildeten prächtigen Maschine war der frühere Rennfahrer *Henri Farman.* Er gehörte zu den allerersten Motorfliegern, der Konstruieren, Bauen und Fliegen in einem Zuge erlernte. 1909 gewann er bei der großen Flugwoche in Reims den Strecken- und Dauerpreis: in drei Stunden legte er 180 km zurück. Auf der Karte sind ausgezeichnet der «Schleudersitz» des Piloten zu erkennen, gleich dahinter ein zweites Sitzchen, der Benzintank, der Motor mit Druckschraube, die abenteuerliche Verspannung, das filigrane Fahrwerk sowie die Ruder, aber keinerlei Armaturenbrett. *Otto Lindpaintner* schaffte mit solch einer Maschine beim «Deutschen Rundflug» von 1911 mit einem Passagier immerhin 1222,5 km! Fliegen war keinesfalls eine preisgünstige Angelegenheit, wie man angesichts der spartanischen Konstruktionen vermuten könnte. Schon die Ausbildung verschlang in der Regel 3000 Mark an Gebühren. Daher versuchten sport- und technikbegeisterte junge Männer gern, in Flugzeugfabriken als Monteure und Quasiflugschüler einzutreten. An eine Versicherung war nicht zu denken, gleichfalls nicht an eine theoretische Ausbildung vor dem Erstflug. Einige Eleven schafften es, nach drei Flügen ihren vierten ohne Lehrer zu machen, womit die Kontraktbedingungen bezüglich Alleinfluges erfüllt und nach vielleicht 20 Minuten Gesamtflugdauer 1500 Mark verwirkt waren. Dennoch drängte man sich in die Fliegerschulen; die meisten Schüler waren Offiziere.

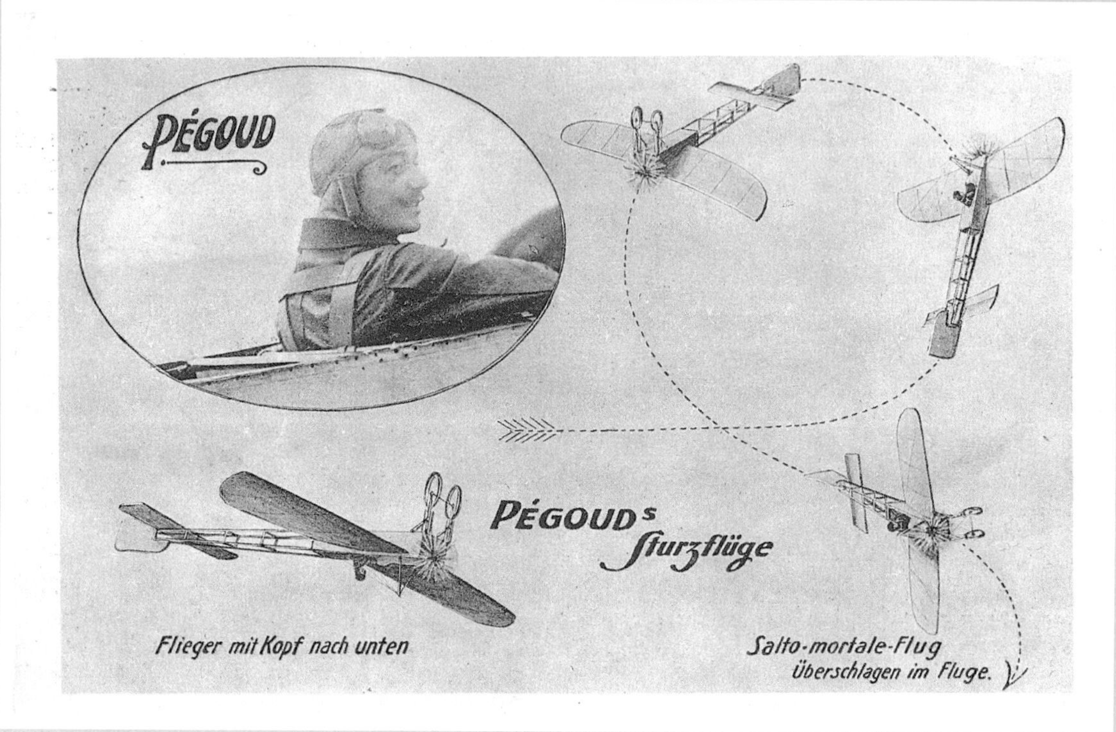

Pégouds Sturzflüge (1913 – L) Mit dem Geradeausfliegen und nur kleinen Kurven war es natürlich nicht getan: Das Fluggerät muß vielmehr in der Luft ständig stabilisiert werden, und Windeinflüsse sind zu kompensieren. Da um die Jahrhundertwende auch noch große theoretische Erkenntnislücken bestanden, ist der mühevolle Weg zum ersten Motorflug leicht verständlich. Enthusiasten, oft eigenes Vermögen oder gar das Leben opfernd, tasteten sich langsam vorwärts, beseelt vom Wunsch zu fliegen, ihrem Land Vorteile zu verschaffen, aber auch nur des sportlichen Ehrgeizes wegen. Das Zentrum der Fliegerei war dabei Frankreich (in Deutschland schwor man noch auf die Luftschiffahrt). Einer der zahlreichen «tollkühnen Männer in ihren fliegenden Kisten» war *Adolphe Pégoud,* Meisterschüler des Ärmelkanalbezwingers *Louis Blériot.* Der «Mann ohne Nerven» flog einen Eindecker seines Chefs. Er tat das übrigens außerordentlich werbewirksam in seiner Heimat mit völlig neuartigen Figuren und Fallschirmabsprüngen, auch vor Militärs. Im Oktober 1913 hielt er an drei Tagen Hunderttausende Berliner auf dem Flugplatz Berlin-Johannisthal in Atem, senkrechte Auf- und Abwärtsflüge, Steilkurven, Flüge in Rückenlage und den «Looping the Loop» vorführend! 180000 Postkarten zu 1 Mark wurden verkauft. Viele mit persönlicher Unterschrift. Jedoch wichen die Autogramme darauf oft voneinander ab. Das war kein Wunder, schließlich hatten auch seine Mechaniker alle Schreibhände voll zu tun.

Blériot-Eindecker (etwa 1911 – E) Wie *Adolphe Pégoud* riskierten auch deutsche Flieger bei Schauflügen Kopf und Kragen. Mit den ab 1910 sich häufenden Strecken- und Rundflügen waren häufig lokale Flugschauen verbunden. Die auf der Karte erwähnten Schauflüge fanden anläßlich des Sachsen-Rundfluges vom 21. bis 31. Mai 1911 statt. Wer es sich als Pilot leisten konnte, griff auf eine bewährte Konstruktion zurück, bei Eindekkern etwa auf Maschinen von *Igo Etrich, Hans Grade* oder *Louis Blériot.* Ein Flugzeug des letzteren ist auch die abgebildete, in der Originalausführung mit einem 3-Zylinder-24-PS (17,6 kW)-Anzanimotor ausgestattete, reichlich 8 m lange und mit 7,65 m Spannweite nicht übermäßig große Maschine. (Die berühmte «Etrich-Taube» von 1910 war immerhin 14 m lang mit einer Spannweite von 10,3 m; *Grades* legendärer Eindecker von 1909 maß 10,5 m in der Länge sowie 8,5 m in der Breite und brachte seinem Konstrukteur den heißbegehrten Lanz-Preis von 40000 Mark ein.) Bei *Blériots* Maschine wurde das Seitenruder über Pedale bewegt, Höhen- und Querruder hingegen mit einem Steuerknüppel. Auf dem Pilotensitz posiert *Gustav Tweer* als legerer Sportsmann, für die Aufnahme mit Blazer statt Brille und Lederhaube ausgerüstet. Er war ein Schüler von *Grade* und führte später (1914) in Berlin-Johannisthal aufsehenerregende Kunstflüge mit einem Gradeflugzeug vor, charakterisiert durch ein zweites Fahrwerk für Notlandungen in Rückenlage. Es gibt also (fast) nichts, was es nicht gibt.

Brücken

Brücken können neben ihrem eigentlichen Zweck, schwer zu verbindende territoriale Punkte zusammenzuführen, einer Landschaft oder Stadt ihr eigenes Gepräge geben. Diese Bauwerke zum Leiten eines Verkehrsweges über ein Hindernis – z. B. über einen Fluß, eine Straße, die Eisenbahn oder ein Tal – werden häufig sogar zu Wahrzeichen. So hat die etwa 290 m lange Tower-Bridge über die Themse in London diese Eigenschaft gewiß. Sie wurde nach damaligem Zeitgeschmack im Viktorianischen (neugotischen) Stil errichtet. Ähnliche architektonische Schöpfungen sind auch bei anderen Brücken zu entdecken. Hinsichtlich der Bauarten erdachte man so zahlreiche Techniken, daß wir diese hier nicht aufzählen wollen. Zumal die Ingenieure mit zunehmendem mathematisch-statischem Beherrschen von Brückenkonstruktionen und dem Einsatz von neuem (Beton) oder weiter vervollkommnetem Material (Stahl) laufend Verbesserungen entwickelten, die ihnen immer kühnere Konstruktionen hinsichtlich Tragfähigkeit und Spannweite ermöglichten. Ein besonderes Problem beim Brückenbau ergibt sich aus der Tatsache, daß sich Stahl- und andere Konstruktionen infolge von Temperaturschwankungen der Luft in ihrer Länge ständig verändern. Mithin kann man im Prinzip nur einen Auflagepunkt der Brücke festlegen, während der andere beweglich sein muß. Hierfür wurden u. a. Rollen- oder Stelzenlager entwickelt.

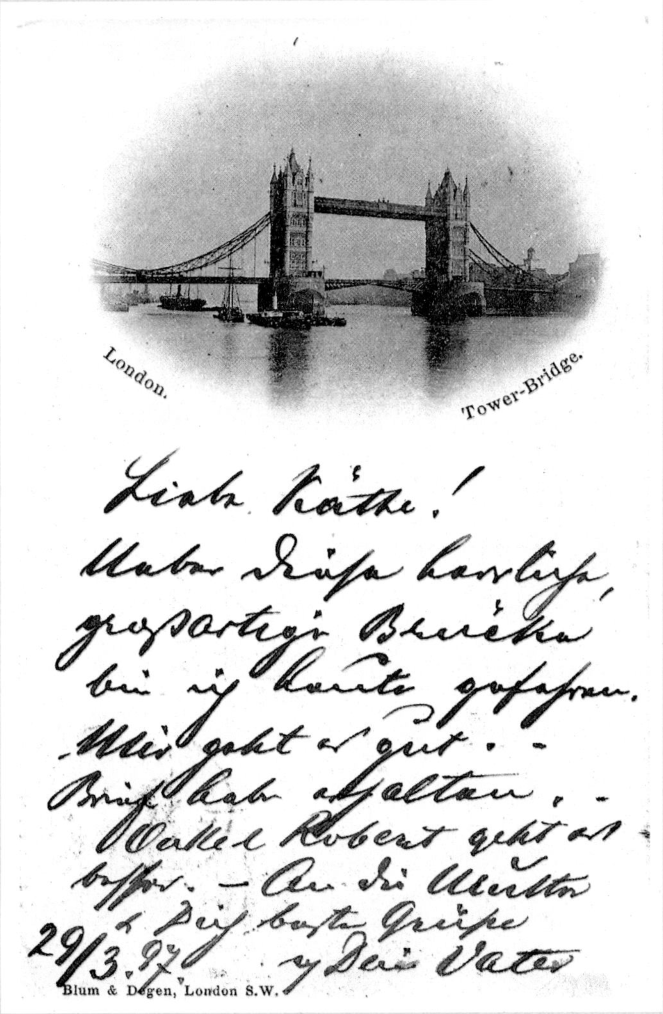

Tower-Bridge London (1897 – L) Sie wurde 1894 dem Verkehr übergeben und ist eine doppelte Hubbrücke. Jedes Hubteil von 1000 Tonnen mußte zu der Zeit, da noch zahlreiche Segelschiffe zum Hafen von London hindurchfuhren, von 74 Arbeitern täglich mit Hilfe einer Hydraulik ein Dutzendmal geöffnet werden. In 47 m Höhe befindet sich ein 65 m langer Fußgängerüberweg.

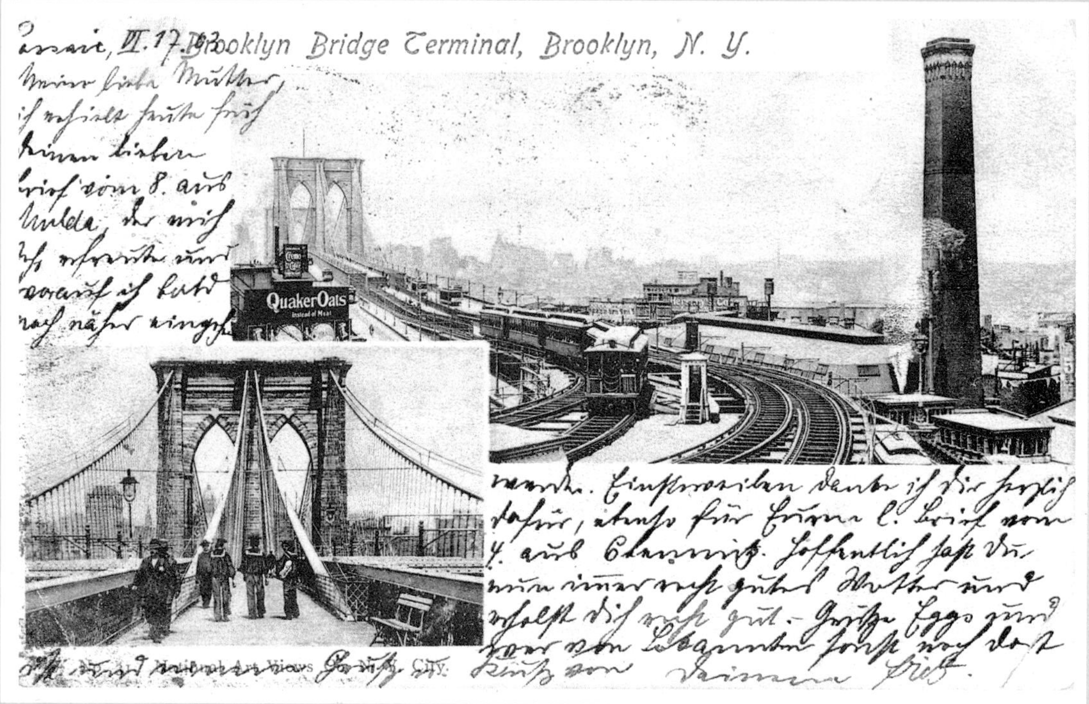

Hängebrücke (etwa 1900 – L) Ein ebenso ehrwürdiger wie technisch imposanter Brückenveteran wird hier vorgestellt – von der bemerkenswerten Einfahrt der «S-Bahn» mit ihren Stromschienen in den Bahnhof noch abgesehen! Schon die neogotischen Öffnungen der Pylonen lassen auf relativ hohes Alter schließen: 1876. Die «Brocklyn Bridge» gehört zu den ältesten eisernen Brücken überhaupt. Schon vor der «Eisenzeit» baute ein Engländer von 1819 bis 1826 eine 177 m (!) lange, an Ketten hängende Straßenbrücke. Was für vergleichsweise schmale Stege vielleicht noch angängig schien, für ratternde Eisenbahnzüge erwies es sich als untauglich. Dennoch wurden für schwingungsfreie Belastungen mit Hängebrücken immer größere Weiten erzielt. Der Deutschamerikaner *Röbling* überspannte 1850 den Niagara (250 m), 1856 den Ohio (350 m). Seinem Sohn war es dann vorbehalten, ein wahres Weltwunder zu vollenden, nämlich die abgebildete Brücke. Sie kreuzte den East River zwischen Alt-New York und Brocklyn und trug allen Schwingungszweiflern zum Trotz auch Bahngleise. Die freie Spannweite von 486 m war damals sensationell, die Gesamtlänge (mit Auffahrten) von anderthalb Kilometer nicht minder. Dennoch wurde *Röbling* bald von *Lindenthal* übertroffen, der mit der Hudsonbrücke zwischen New York und Hoboken 940 m frei überspannte und noch mehr Eisenbahngleise aufnahm. Allein ihre Pylonen, über die die Hängeseile liefen, maßen 180 m. Großväterliche Technik? Technik großer Väter!

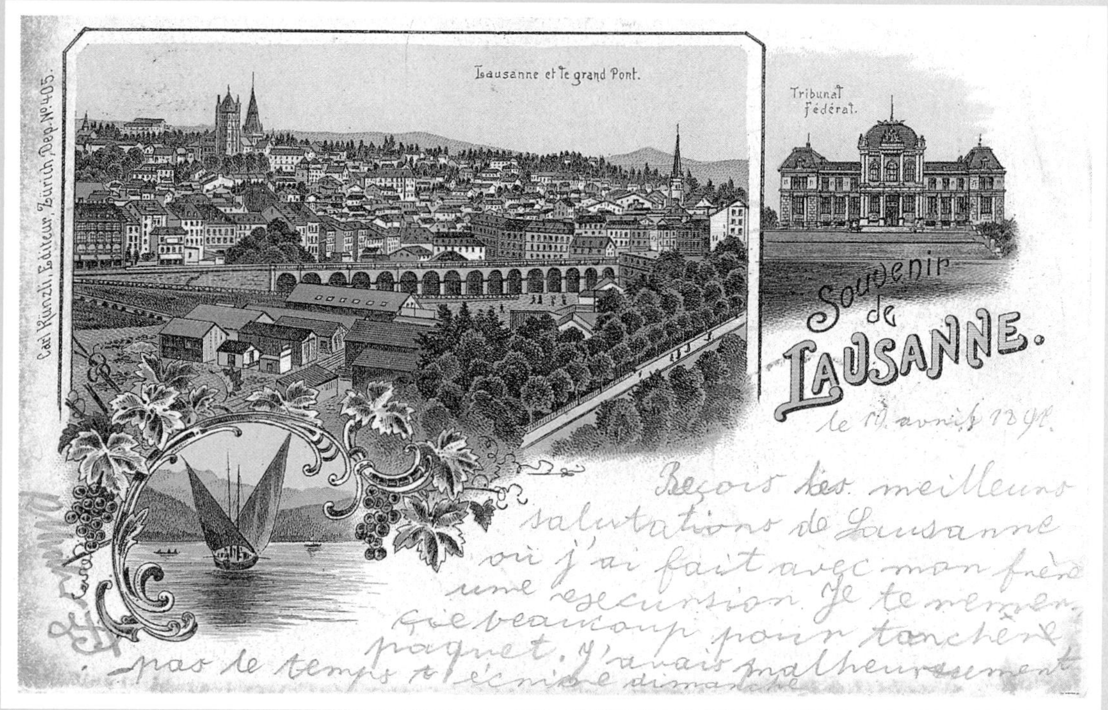

Viadukt von Lausanne (1897 – S) Der durch politische Konferenzen und Kongresse bekannte Ort Lausanne ist die Hauptstadt des schweizerischen Kantons Waadt. Auf der hier wiedergegebenen Ansichtskarte fällt besonders die quer durch das Bild laufende vielbögige Brücke ins Auge. Jener Viadukt wird «grand pont», «große Brücke», genannt. Er ist im Mittel 25 m hoch, 188 m lang, hat zwei Etagen und verbindet die durch ein Tal getrennten Stadtteile St. François und St. Laurent. Das Wort Viadukt stammt aus dem Lateinischen und bedeutet «Wegleitung». Viadukte bestehen aus zahlreichen relativ engen Bogen, die trockene Niederungen bzw. Täler oder schmalere Flüsse überbrücken. Sie dienen der Straßenführung, und manche von ihnen leiten auch Eisenbahnstrecken über das Terrain. Zu Zeiten der Römer wurden Viadukte selbst für die Führung der Wasserleitungen zu den größeren Ansiedlungen errichtet. Man nennt sie dann Aquädukte, Wasserführung. Ein solcher ist der Pont du Gard bei Nimes (Südfrankreich), ein weltbekanntes technisches Denkmal. Der Viaduktbau nahm um 1830 wegen des beginnenden Eisenbahnbaus nach Zahl und technischer Kühnheit erheblich zu. Man errichtete einstöckige Viadukte (z.B. Desenzano bei Verona, 60 m hoch), zweistöckige (wie Elstertal/Sachsen, 70 m), dreistöckige (Chaumont/Frankreich, 50 m) und vierstöckige (Göltzschtal bei Reichenbach/Sachsen, 80 m). Es gibt auch eiserne Viadukte, beispielsweise solche für die Berliner U-Bahn (Hochbahn).

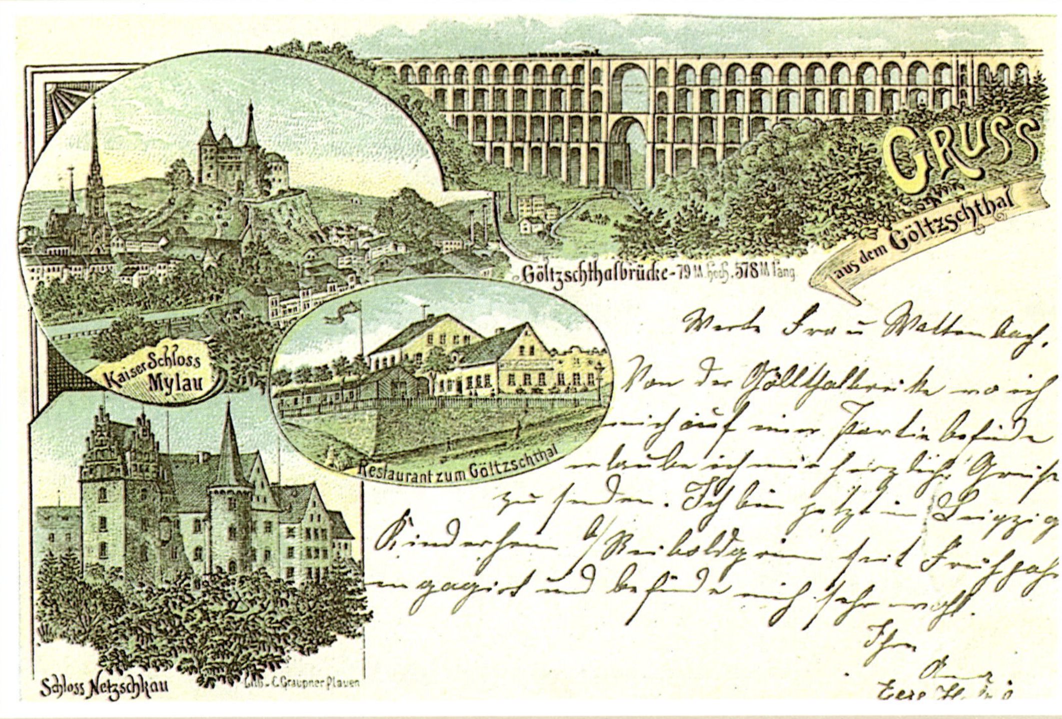

Göltzschtalbrücke (etwa 1890 – S) Ansichtskarten von der vogtländischen Göltzschtalbrücke gibt es viele; wir wählten eine aus, die lange nach ihrem Druck erst 1896 auf die Reise ging. 1846 wurde der Bau begonnen, neben der etwas kleineren Elstertalbrücke wichtigste Voraussetzung zur Vollendung der Strecke Leipzig–Plauen–Hof–Nürnberg. Als Konstrukteur wirkte auch Prof. *Andreas Schubert* mit, Erbauer der ersten funktionstüchtigen deutschen Dampflok «Saxonia». Technisch war man 1845 bei der Überquerung ausgedehnter Täler nicht weiter als die altrömischen Baumeister. Zur Bewältigung des etwa 80 m hohen und 575 m breiten Tales kam nur ein gemauerter Viadukt in Frage. Da die Beschaffung genügend vieler Granitquader schwierig war, brannte man außerdem an Ort und Stelle Lehmziegel. Ganze Wälder wurden von den Einrüstungen verschlungen: etwa 23000 Baumstämme. Geldmangel und Baugrundprobleme ließen das Werk immer wieder stocken; 1849 waren dann aber bei beiden Brücken die untersten Bogenreihen vollendet, zwei Jahre später die letzten Steine gesetzt. Die Viadukte hielten, was gar nicht so selbstverständlich erschien; denn einige Jahre zuvor war ein wesentlich kleinerer Bau in Baventin (Frankreich) noch vor Fertigstellung restlos eingestürzt. Der größte Eisenbahnsteinviadukt der Welt erforderte etwa 26000000 Ziegel, 48000 bzw. 16000 m^3 Quader- sowie Bruchsteine und 6600000 Mark. Lohn eines Arbeiters für 13 Stunden: 10 Neugroschen; der Eintritt zur «Weltwunderbaustelle»: 5 Neugroschen. Dennoch riß der Besucherstrom kaum einmal ab.

Brücken der Arlbergbahn (etwa 1895 – S) Das Prunkstück der Arlbergbahn war gewiß die (inzwischen ersetzte) weit über Österreichs Grenzen hinaus bekannte Trisannabrücke. In 90 m Höhe über dem Fluß Trisanna werden 120 m überspannt. Das gewaltige Bauwerk entstand zwischen 1882 und 1884. Es lag in der Ostrampe zwischen Pians und Strengen mit einer Steigung von 26 Promille, was für Reibungsbahnen durchaus zulässig ist. Große Eisenbrücken wurden in den 40er Jahren des vorigen Jahrhunderts sehr benötigt. Darum verdient gemacht hat sich besonders *Robert Stephenson,* der Sohn des bekannten Lokomotivkonstrukteurs. Seine Röhrenbrücken und später die leichteren «Gitterbrücken» erlaubten schon Spannweiten von gut 100 m. Neben Brücken mit Parallelträgern (siehe die Brücke bei Kehl) wurden auch solche mit Parabelträgern üblich. Damit lassen sich bis zu 500 m überqueren; bei der Trisannabrücke zog man es aber vor, die Spannweite zu begrenzen und Bruchsteinviaduktvorbauten zu errichten, die auch die gewaltigen Horizontalschübe aufzunehmen haben. Die alte Trisannabrücke vermochte Massen von 3,67 t je Meter zu tragen. Der auf der Karte u. a. auch abgebildete Wäldlitobel-Viadukt ist ein gutes Beispiel für eine formschöne, sich dem Landschaftscharakter ausgezeichnet anpassende steinerne Bogenbrücke. In den Alpenländern trifft man diesen Brückentyp sehr häufig an; oft gleichen sich die Bauwerke wie ein Ei dem anderen. Sie erlauben Spannweiten bis zu 90 m, in Stahlbeton natürlich auch mehr.

Fachwerkbrücke in Australien (etwa 1895 – R) Postalisch-kommunikatives und Technisches verbinden sich bei dieser in Australien hergestellten und abgesandten «POST-CARD» in origineller Weise. Daß eine nicht einmal besonders bedeutsame Flußbrücke – zu beachten sind die Jugendstillösungen für die Öffnungen der acht Brückenpfeiler – das Motiv für einen Weihnachtsgruß abgeben könnte, ist schon erstaunlich genug. Sollte die Karte vielleicht ein Brückenschlagen von Mensch zu Mensch symbolisieren? – Die Karte mit dem hineinretuschierten Dampfboot – es muß für Zwerge bestimmt sein – passierte Sydney am 28. November 1898 und traf an ihrem Bestimmungsort Modřany bei Prag am 3. Januar 1899 ein. Der Absender hatte die Geschwindigkeit der Schiffspost recht genau berechnet, allerdings nicht den Umstand, daß der Adressat – ein fürstlicher Adjunkt (Gehilfe) – inzwischen seiner «Herrschaft» moldauabwärts gefolgt war. Aber man höre und staune über die sprichwörtliche Findigkeit der Post: Seine Hochwohlgeboren erhielt den Neujahrsgruß des Onkels aus Australien bereits am 4. Januar 1899 in Aussig (Ústi) zugestellt – und das alles für einen halben australischen Penny. Woher das bekannt ist? Die Rückseite der Karte trägt außer der Adresse (übrigens ohne genaue Straßenangabe!) und der Briefmarke obengenannter Postverwaltung eine Vielzahl von Stempeln sowie postalischen Vermerken. Eine unterhaltsame Sache mit Lupe und Atlas als Zugabe zu unseren technischen Betrachtungen.

Gitterbrücke über den Rhein (etwa 1900 – A) Die kleine Stadt Kehl im Badischen erhielt zwischen 1858 und 1861 die abgebildete Eisenbahnbrücke. Sie war 303 m lang und überquerte den Rhein in unmittelbarer Nähe von Straßburg (Strasbourg), der 1871 annektierten elsässischen Hauptstadt – daher auch der zweisprachige Kartentext. Die Duisburger Baufirma *Harkort* festigte auch mit diesem Bau ihren ausgezeichneten Ruf; ein paar Jahre später (1866) schaffte sie es schon, etwa 155 m frei zu überspannen. Dies brachte ihr in der Folgezeit weitere Aufträge für große Strombrücken, so z. B. in Hamburg, Worms und Dirschau. Dem Zeitgeschmack gemäß erhielten diese Brücken monumentale Brückentore; Nachahmungen von Kirchenportalen, mittelalterlichen Stadttoren oder Miniaturburgen. Was uns heute kitschig (oder vielleicht schon wieder reizvoll?) erscheint, war letztlich Ausdruck des Strebens nach Repräsentativität bei nüchternen Eisenkonstruktionen. Wie sollte denn ein schmuckloser Zweckbau etwa mit dem Straßburger Münster in der Nachbarschaft konkurrieren können? Offenbar hatte man noch keinen Blick für die eigene Schönheit imposanter Technik. Da erhielt der Zylinder eines Gasmotors von *Nikolaus A. Otto* und *Eugen Langen* die Form einer Tempelsäule oder tauchte an Dampfmaschinen gußeisernes gotisches Maßwerk auf! Später verzichtete man beim rein technischen Produkt auf Überflüssiges – andere Brückenabbildungen zeigen es. Beispielsweise beim Eiffelturm erhielt die nackte Eisenkonstruktion selbst Schmuckfunktion. Was ist nun Kunst, was Kitsch? Eine interessante Frage zum Diskutieren!

Fischbauchträgerbrücke (etwa 1910 – A) Die filigrane Eisenbahnbrücke bei Mittweida-Markersbach im südlichen Erzgebirge scheint einem Metallbaukasten zu entstammen. Daß sich die Baufirma auch auf wuchtigere Konstruktionen verstand, zeigte ihr «Blaues Wunder» in Dresden. Freilich war der Schwarzenberger Verleger der Karte etwas zu sehr bestrebt, die «fast waghalsig anzusehende Brücke» – so der rückseitige Kartentext – ins Grandiose zu steigern, und zwar mit der Retuschierfeder: Das Bähnle auf der Brücke ist entschieden zu klein geraten. Als Bezug mögen die Häuser oder das Brückengeländer dienen. Auch bei der Farbgebung der Eisenbahnwagen trieb die Phantasie Blüten – silbrige oder blaue Wagen waren in jener Zeit auf sächsischen Strecken nicht anzutreffen. Und die braunen Wagen? Die gab es freilich, äußeres Kennzeichen für die 3. Klasse. Überhaupt sah ein Personenzug um die Jahrhundertwende recht bunt aus. Mit einem hellen Grau mußten sich die Reisenden der 4. Klasse begnügen, während Grün den standesbewußt in 2. Klasse fahrenden wohlbegüterten Schichten vorbehalten blieb. Hochadel, Geldaristokratie und auf Freifahrschein geduldete Reichstagsabgeordnete fuhren in gelb gekennzeichneten Wagen. Das Gelb erscheint noch heute – als schmaler Streifen unterhalb des Daches von Wagen der 1. Klasse. Natürlich gab es auch mehrklassige Wagen, dann traten eben unterschiedliche Lackierungen auf. Und in der 4. Klasse war auf hölzernen Längsbänken Platz zu nehmen – für 2 Pfennig je Kilometer.

Klappbrücke (etwa 1914 – L) Im nordfranzösischen Douai, einem an der Scarpe und einem Verbindungskanal zur Schelde gelegenen Eisenbahnknoten mit vielfältiger Industrie, war diese niedrige Portalklappbrücke anzutreffen. Bewegliche Brücken kommen in der Regel nur im Flachland bzw. in Hafengebieten vor, ihre Vorläufer sind die mittelalterlichen Zugbrücken an Burganlagen. Daraus wurden die Portalklappbrücken abgeleitet, bei denen aber nicht mehr eine kraftraubende Haspel, sondern ein Gegengewicht an einem Waagebalken die Bewegung erleichterte – die Karte verdeutlicht das Prinzip. Das Gegengewicht direkt an der Klappe zu befestigen – wie bei der Towerbridge – hätte in unserem Fall verlangt, es aufwendig in der Uferbefestigung versenkbar zu machen. Die Originalität der hier gezeigten Klappbrücke veranlaßt uns, noch auf einige andere nicht ganz alltägliche Brückenkonstruktionen zu verweisen. Zuerst nennen wir die Drehbrücke, die wie Lokomotivdrehscheiben konstruiert ist. Bei einarmiger Ausführung mußte auf dem Ufer eine entsprechende Widerlagerkonstruktion vorgesehen werden, der sonst immer etwas störende Mittelpfeiler im Fluß wurde ans Land verlegt. Weiter gibt es Hubbrücken. Die Fahrbahn wird hier einfach zwischen zwei Portalen hochgezogen, wobei wiederum entsprechende Gegengewichte für eine leichte Gängigkeit und geringen Kraftaufwand sorgen. Noch einfacher ist natürlich stets eine feste Brücke mit ausreichender Durchfahrtshöhe – nur müssen dann platzraubende und teure Auffahrten eingeplant werden, ein Umstand, der den Standort von Brücken oft beeinflußt.

Häfen

Häfen sind Umschlagplätze, die den Einsatz unterschiedlichster Technik notwendig machen. Um die Jahrhundertwende schnauften neben muskelgetriebenen Hebezeugen Dampfkräne, bestimmte der «Wald» der Masten von Seglern die Hafensilhouette, schleppten Schauerleute Stückgüter in die Laderäume von Frachtern, waren gelegentlich noch Schaufelraddampfer zu bestaunen und galten das Pferdefuhrwerk oder gar die Schubkarre noch nicht als unökonomisch gegenüber dampf- oder elektrisch betriebenen Hafenbahnen. Gewaltige Kohlenberge verschwanden als Betriebsstoff in den «Bäuchen» der Dampfer. Häfen – wo in der Welt sie auch immer liegen mögen – atmen stets einen Hauch von Abenteuerlichem und Weltoffenheit, von scheinbar unentwirrbarem Durcheinander des Verkehrs und andererseits straffer Organisiertheit des Warenumschlags sowie strenger Ordnung durch Zoll- und Polizeiorgane.
Häfen können von der Natur für diese Funktion vorbestimmt sein (Flußmündung, Fjord, Bucht, Bodden, vorgelagerte Landzunge oder Sandbank). Man kann sie aber auch künstlich geschaffen haben (durch Ausbaggern, steinerne Mole). Oft sind sie Kombinationen von beidem.
Unterschiedliche Bezeichnungen wie Seehafen oder Überseehafen, Binnenhafen, Flußhafen und Kanalhafen, Fährhafen und Fahrgasthafen, Ölhafen und Fischereihafen, Ausrüstungshafen sowie Sport(boot)hafen u. a. m. erklären sich selbst.

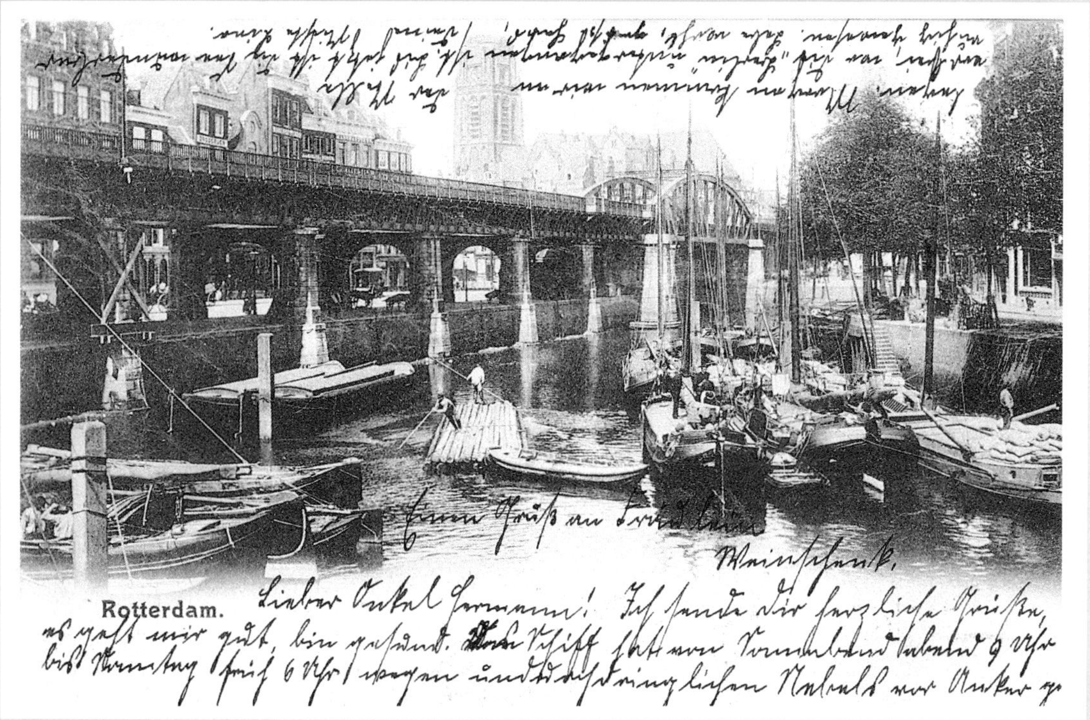

Rotterdam (1907 – L) Diese Ansichtskarte mag die Auswahl einiger historischer Hafenabbildungen eröffnen. Angesichts dessen, daß Rotterdam heute (neben New York) der größte Hafen der Welt ist – freilich erst durch den neuangelegten «Europoort» auf der Insel Rozenburg – ist die Idylle der alten Karte sicher ganz interessant. Dazu muß bedacht werden, daß der alte Hafen auch als Binnenhafen für die Rhein- und Maasschiffahrt benutzt wurde und wird. Beim Verlassen von Rotterdam begleitet uns noch lange die niederländische Landschaft – immerhin sind es 30 km im sogenannten Nieuwen Waterweg, bis die offene See erreicht ist. So hat man ausreichend Gelegenheit, über die verschiedensten Hafenarten Betrachtungen anzustellen.

Antwerpen (1914 – L) Auch Antwerpen (franz. Anvers) ist ein riesiger Hafen, der größte Belgiens und heute der elftgrößte überhaupt. Von alters her galt das Wort: «Die Welt ist ein Ring und Antwerpen der Diamant darin.» Dieser Hafen liegt noch weit tiefer im Lande als Rotterdam – 88 km von der Mündung der Schelde in die Nordsee entfernt. Dennoch macht der Tidenhub (Wasserstandsunterschied zwischen Ebbe und Flut) in Antwerpen (fläm. «an der Werft») 4 m aus. Die Tiefe der Zufahrt zum Hafen auf der Schelde, die bis zu 600 m breit ist, beträgt 10 m, sie ist also auch für sehr große Schiffe ausreichend. Die ältesten Hafenteile waren das Grand und das Petit Bassin. *Napoleon I.* ließ sie von 1804 bis 1813 erbauen. 1859 kam das Bassin du Kattendyk hinzu. Weitere Becken trugen Namen wie Bassin aux Bois, – de la Campine oder – du Canal. Die hierüber gezeigte Karte vermag freilich nur einen schwachen Eindruck vom wirklichen Umfang der Antwerpener Hafenanlagen und Werften um 1910 zu vermitteln. Noch weniger trifft das auf die zuvor wiedergegebene Ansicht vom Rotterdamer Hafen zu. Allenfalls das berühmt-berüchtigte Milieu aller damaligen Häfen können beide ahnen lassen. Sie zeigen aber nicht, daß die großen Überseeschiffe bis mitten in beide Städte hinein fahren können, was natürlich hinsichtlich eines Weitertransports der mitgebrachten Waren bzw. deren Antransports zum Verschiffen große Vorteile bietet. Daß dabei seinerzeit Pferdefuhrwerke eine große Rolle spielten, offenbart obige Karte sehr deutlich.

Genua (1897 – S) Diese köstliche Ansichtskarte des Genueser Buchthafens ist für den graphisch wie technisch interessierten Betrachter gleichermaßen eine Augenweide. Was gibt es da nicht alles zu sehen! Vor dem Hintergrund der Bergrücken des Ligurischen Appennins mit Terrassen bis in 160 m, ja 190 m Höhe rollen Eisenbahnzüge und Hafenbahnen, begegnen sich Segler und Dampfschiffe. Schon damals war Genua der größte Mittelmeerhafen; er konnte auf eine lange Tradition zurückblicken. Seine östliche Mole (Molo vecchio) wurde 1282 begonnen und 1553 vorerst vollendet; 1823 aber noch bis auf 459 m ins Meer vorgeschoben. Die westliche (neue) Mole (Molo nuovo) mißt stattliche 660 m und wurde 1634 in Angriff genommen. 1870 erhielt die Westmole einen 78 m hohen Leuchtturm. Das Hafenbecken, eingefaßt von beiden Molen, ist 1500 m breit. Östlich dieses Genueser Hafens wurde seit 1867 ein Porto franco (Freihafen), ein sogenanntes Generalentrepôt, für ausländische Waren betrieben. Hier können Waren zollfrei ein- und wieder ausgeführt, also gelagert werden. Namentlich italienische Hafenstädte – meist Stadtstaaten (Genua, Venedig, Pisa) – trugen wesentlich zum Aufblühen des Kapitalismus in seiner Frühzeit bei. Begriffe wie Porto, Brutto, Konto, Cassa, Saldo aus dem Sprachgebrauch der Geschäftswelt erinnern noch heute daran. Und auch der Hafen von Genua hat heute noch große Bedeutung: er liegt immerhin etwa an 14. Stelle in der Welt, wobei solche Angaben aber ständigen Veränderungen unterliegen.

Hamburg (1898 – A) Der abgebildete Kartengruß wurde vom Hamburger Hafen abgeschickt. Er kommt somit von einem der größten, bekanntesten und meistbesungenen Häfen der Welt. Freilich bietet sich dem Betrachter der Karte nur ein kleiner Teil der ausgedehnten Anlagen, der Kräne, Docks, Werften, Speicher – und der zahllosen «Etablissements» (angefangen von billigen Schlafklappen bis zum Champagnerbordell) dar. Hamburg liegt weit im Binnenland und verdankt seine Existenz unter anderem der trichterförmig in die Nordsee mündenden Elbe. Schon Mitte des 19. Jahrhunderts wurde – auch des Gezeitenhubs wegen – die Elbe dort von 4,30 m auf 10 m Tiefe ausgebaggert. Jeder echte «Hamburger Jung» hätte 1898 gewiß den Unterschied der Häfen an Norderelbe und Süderelbe erläutern bzw. Finkenwerder als Beginn des Tiefseehafens nennen können. Ob er sich auch an den 1. 1. 1876 erinnert hätte, an dem St. Pauli als kleiner Vorort eingemeindet wurde, ist dagegen nicht sicher. Wichtiger war da schon die Eröffnung der Zeit der Riesenkräne in Häfen: Um 1888 wurde in Hamburg ein 150-Tonnen-Kran aufgestellt. Größere Schwenkweiten (30 m) erlaubte später ein Derrickkran der Firma Blohm & Voß. Aufgerichtet ragte der Goliath 43 m hoch, und 100 t vermochte er zu bewegen. Zahlreiche Hebezeuge bildeten bald einen wahren «Kranwald». Inzwischen hat sich Hamburg weiter entwickelt, und heute rangiert dieser typische Flußmündungshafen etwa an 12. Stelle von Schiffahrt und Überseehandel in der Welt.

Helgoland (etwa 1914 – A) Die Insel Helgoland war schon in der Bronzezeit bewohnt (Fositesland). Als *Napoleon I.* die Kontinentalsperre verhängte, benutzten die «aufmüpfigen» Engländer das Eiland 1808 als Lagerplatz für ihre geschmuggelten Waren. Gleiches hatte schon vor ihnen im 14. Jahrhundert *Klaus Störtebeker* mit seinen Likedeelern (den «Gerechtteilenden») getan. Ein besonderes Kennzeichen der Hafenanlagen Helgolands besteht darin, daß sie gegen die Stürme der Nordsee nur durch die hochaufragende Insel selbst geschützt sind. Die Anlegestege dienen den Fischereifahrzeugen und dem Fremdenverkehr, d. h. dem oft langwierigen Ausbooten der Badegäste von den vor der Insel haltenden Schiffen. Vor dem ersten Weltkrieg besorgte vor allem der Dampfer «Cobra» den Verbindungsdienst zum Festland. Die biologische Station von Helgoland wurde seinerzeit von dem Kunstmaler *H. Gätke* geleitet, der auch mehrere Briefmarken Helgolands entwarf. Eine am 31. 12. 1720 durch eine Sturmflut von der Insel getrennte Sandbank, die Düne (1,5 km vor der Insel), dient als vortreffliches Seebad. Es wurde 1826 durch *Jacob Andresen Siemes* gegründet. Jeder Helgoländer wird als interessantes Detail der Insel, die nur 0,9 km^2 groß ist (4 km Umfang), eine im Zickzack geführte 193stufige Treppe vom Unterland zum Oberland erwähnen. Sie war von den Engländern angelegt worden, denen die Insel bis 1890 gehörte. Sie beteiligten sich auch am Legen eines ersten Telegraphenkabels nach Deutschland. Auf dem Oberland steht ein Leuchtturm. Die Insel wurde Marinestützpunkt, Hauptgrund für den Sansibartausch von 1890 mit England.

Kopenhagen, Haupt- und Hafenstadt (etwa 1909 – A) Versetzen wir uns in die Zeit, da diese Ansichtskarte geschrieben wurde – ins Jahr 1912 – und lauschen einem Fremdenführer, der etwa sagen würde: «Die dänische Hauptstadt – erstmalig im Jahre 1043 als Höfn (lat. Hafnia) erwähnt, ist durch den Sund Kallebrostrand (Kalveboderne) in zwei Hauptteile getrennt, und zwar in das größere eigentliche Kopenhagen sowie in das kleinere Christianshavn. Bei letzterem liegen der Nordhafen und – noch nördlicher – der Freihafen. Größer an Fläche ist der Südhafen am Sund. Im Norden von Christianshavn befinden sich Werften. Zahlreiche Brücken mit Längen bis 455 m (am Zollhaus – Toldboden), die sich z.T. öffnen lassen, um ein- und auslaufenden Schiffen die Durchfahrt zu ermöglichen, sind ein besonderes Kennzeichen des Kopenhagener Hafens; erklärlich darin, daß er ein typischer Hafen im Schutze von Inseln (Seeland) ist. Eine der Brücken, auf der gerade ein Straßenbahnzug zum Überqueren ansetzt, zeigt eine meiner Ansichtskarten, die Sie als Andenken kaufen sollten. Die Kais haben eine Ausdehnung von etwa 40 km. An den Hafen schließen sich schiffbare Kanäle an. Stadt und Hafen sind seit Jahrhunderten stark befestigt, wobei wir jedoch auf die kriegerischen Auseinandersetzungen Dänemarks vor allem mit Großbritannien nicht eingehen möchten (z. B. dem Überfall der Engländer von 1807). Zu den Festungsanlagen gehört die Zitadelle Frederikshavn. Große Teile des Hafens und der Werften bleiben den Seestreitkräften vorbehalten. Im übrigen ist die Stadt königliche Residenz (Schloß Christianborg). – Dank für Ihre Aufmerksamkeit!

Bahnhöfe

Zum Abwickeln von Eisenbahnverkehr dienen neben der freien Strecke die Bahnhöfe, wo Züge mit Hilfe von Weichen beginnen, enden, einander kreuzen, überholen bzw. mit Wechsel des Gleises wenden können. Das Empfangsgebäude von Personenbahnhöfen – oft werden diese beiden Begriffe gleichgesetzt – kann sich neben, zwischen, unter bzw. über den Gleisen befinden oder aber diese auch in sogenannter Kopflage abschließen. Um 1880 setzte in vielen Großstädten die Erweiterung älterer Bahnhofsanlagen ein, so daß Bahnhöfe aus der Eisenbahnfrühzeit nahezu verschwanden.
Kleinere Städte, sofern sie nicht an Strecken zwischen Großstädten lagen, erhielten meist erst relativ spät Eisenbahnanschluß und damit Bahnhöfe. Deren Empfangsgebäude – oft um die Jahrhundertwende erbaut – sind vielfach noch heute erhalten, und manche fallen durch typisierte Gestaltung (Einheitsbauten) auf. Bei den z. B. in Preußen ab 1892 entstehenden Klein- oder Vizinalbahnen kann man dies in der Regel besonders deutlich erkennen, weil kostensparende Vereinfachungen gefragt waren. Großstädte hingegen faßten Bahnhofsgebäude immer betonter auch als Repräsentativbauten auf.

Hauptbahnhof München (etwa 1900 – A) 1849 wurde der Münchener Kopfbahnhof vollendet. Eine symmetrische, halb romanische, halb klassizistische Schaufront verbarg die dahinter liegende Halle. Der dann 1884 nahezu neu gebaute Bahnhof (mit beibehaltener Fassade) verfügte ab 1910 über eine wohl erst unserer Zeit zugebilligte Einrichtung, eine Fernheizung. Anlaß war der Bau des «Königlich Bayerischen Staatsministeriums für Verkehrsangelegenheiten». Ein etwa 1,5 km entferntes Bahnkraftwerk wurde umgebaut, und von ihm erhielten das Bahnhofsgebäude, erwähntes Ministerium, Zollamt, Postamt, die Wagenheizanlagen usw. zentral Fernwärme sowie Strom aus einer weitgehend automatisierten Anlage mit erstaunlichen Fernüberwachungseinrichtungen.

Bahnhof Dortmund (1899 – L) In der uns interessierenden Zeitspanne hatten sich die Empfangsgebäude von Großstadtbahnhöfen längst von hölzernen Personeneinsteigschuppen zu beeindrukkenden Bauten mit reichen Fassadengestaltungen verändert. Ihre Erbauer wollten verkehrstechnische und städtebauliche Belange mit Repräsentationsfunktionen der Gebäude vereinen. Für den Dortmunder Bahnhof z. B. wurde ein an den englischen Tudorstil erinnernder Dekor mit Zinnen und Türmchen verwendet. Das Gebäude könnte ebensogut als Postamt, Schule oder Gericht dienen. Dortmunds Bahnhof zeigt sich indessen auf dieser Ansicht von 1899 recht grau und unansehnlich – man spürt förmlich den Geruch von Eisen und Kohle der umliegenden Schwerindustrie. Eine Bahnhofshalle fehlt, was insofern verwundert, als ansässige Firmen in Eisenkonstruktionen Hervorragendes leisteten. So erhielten z. B. Krefeld, Essen, Kiel, Altona ihre Bahnsteighallen aus Dortmund. Und später Dortmund selbst: zwei Hallen zu je 22 m Spannweite mit 10 m Höhe, 206 m Länge und einem Gesamtgewicht von etwa 900 t. Eine elfmal größere Masse hatte die von der gleichen Firma für den Dresdener Hauptbahnhof gelieferte Hallenkonstruktion. Allerdings erkannte man schon damals, daß eiserne Hallenkonstruktionen nicht nur teuer, sondern auch stark korrosionsanfällig sind. Speziell die von den Dampfloks ausgestoßenen Rauchgase führten zu schnellen Schäden; laufende kostspielige Anstriche wurden daher nötig.

Hauptbahnhof Dresden (1903 – A) Wie in allen Großstädten existierten auch in Dresden noch aus der Eisenbahnfrühzeit mehrere voneinander getrennte kleinere Bahnhöfe. In einem gut durchdachten Vierjahresplan wurden die Anlagen für den Verkehr mit Böhmen, Leipzig, Schlesien und Berlin harmonisiert. Kernstück war der Neubau des Böhmischen Bahnhofes (des späteren Hauptbahnhofes) von 1890 bis 1898. Auf unserer Karte von 1900 ist gut zu erkennen, daß durch die Verlegung von Durchgangsgleisen in die zweite Ebene – wie in Berlin umfassend praktiziert – der Verkehr auf der Prager Straße in Dresden nun nicht mehr durch endlos geschlossene Schranken behindert wurde. Ähnliches gilt für den kleineren, den Neustädter Bahnhof, als zweitem der vier großen Dresdener Bahnhöfe. Interessant ist der Verkehr durch die Zwei-Ebenen-Anlage der Gleise im Hauptbahnhof. Während z. B. ein Zug von Berlin nach München Leipzig als Durchgangsbahnhof nutzt und dort «kopfmachen» muß, beginnen Züge nach Prag in Dresden auf dem oberen «Durchgangsgleis». Der Bahnhof Berlin Friedrichstraße dagegen ist ein reiner Durchgangsbahnhof, obwohl auch hier Züge beginnen oder enden können. Dortmunds Bahnhof wiederum präsentiert sich auf unserem Bild als typischer Inselbahnhof, beidseitig von Gleisen umgeben. Ähnliches weist Dresden auf, dort allerdings großzügiger und weniger den Straßenverkehr bzw. den Zugang zum Empfangsgebäude behindernd. Es gibt also sehr unterschiedliche Bahnhofseinteilungen.

Bahnhof Berlin Friedrichstraße (etwa 1909 – L) 1850 gab es in Berlin bereits fünf Bahnhöfe von Privatbahnen, die der preußische Staat kurz darauf durch eine Ringstrecke verband. Diese ebenerdige Verbindung wurde ab 1871 durch eine wesentlich weiter gezogene viergleisige (!) Ringbahn, meist auf gemauerten Brücken verlaufend, ersetzt. Schließlich durchquerte ab 1882 den Ring die Stadtbahn (S-Bahn) auf einer viergleisigen Ost-West-Strecke mit den Stationen Schlesischer Bahnhof, Jannowitzbrücke, Alexanderplatz, Börse, Friedrichstraße, Lehrter Bahnhof, Bellevue, Zoologischer Garten und Charlottenburg. Hauptverkehrspunkt wurde Friedrichstraße, in einer zeitgenössischen Reklame sogar «Centralbahnhof» genannt. Immerhin zählte er 1910 etwa 11,3 Mill. Fahrgäste. Elektrifiziert war die S-Bahn allerdings noch nicht. Trotz erfolgreicher Versuche von Privatfirmen ließ die preußische Staatsbahn ihre immensen Überschüsse der Rüstung und weniger der Modernisierung des Eisenbahnnahverkehrs der Hauptstadt zukommen, natürlich unter dem Beifall der Steinkohlen- und Dampflokindustrie. Nachdem 1907 zögernd ein Teilstück der Hamburger S-Bahn unter Strom genommen war, wandte man sich 1911 lieber der Strecke Dessau–Bitterfeld als dem knapp 430 km langen Berliner Netz zu. 1913 hatten endlich die Elektroindustrie und fortschrittliche Verkehrsplaner gesiegt: Der preußische Landtag bewilligte 25 Millionen – jedoch der erste Weltkrieg schob die Übergabe der elektrifizierten S-Bahn bis 1924 hinaus.

Hauptbahnhof Leipzig (1904 – L) Anders als in Berlin, das angesichts seiner riesigen Ausdehnung einen Zentralbahnhof nicht benötigte, lagen die Dinge zur Jahrhundertwende in Leipzig. Auf engstem Raum vor der Innenstadt drängten sich vier der sechs großen Bahnhöfe. Zwischen den einzelnen Bahnen vermittelte ein gemeinsamer Übergabebahnhof um 1900 eine knappe Million Wagen im Jahr. Trotz chaotischer Verkehrsverhältnisse verhinderten politische Reibereien zwischen Sachsen und Preußen immer wieder das notwendige Zentralbahnhofsprojekt. Was dann ab 1902 doch entstand, war ein Kompromiß zwischen der Stadt, dem sächsischen und dem preußischen Staat; allerdings ein großartiger, alles bis dahin in Europa Dagewesene übertreffend. In mehreren Bauphasen – unsere Karte zeigt den Bau der Bahnsteighallen – wurden u. a. neue Rangierbahnhöfe, Werkstätten, Verbindungsbahnen, Brücken bei weitgehender Aufrechterhaltung des Betriebes errichtet. Die Krönung des «Jahrhundertbaues» war freilich das Empfangsgebäude. Aus 76 Wettbewerbsentwürfen wurde schließlich der von *Lossow* und *Kühne* (Dresden) für geeignet befunden, den Charakter eines Zentralbahnhofes unter zwei Verwaltungen baukünstlerisch und technisch zu gestalten. Der Dualismus mit zwei Empfangshallen verlor sich auch unter der knapp 270 m langen Querbahnsteighalle mit den anschließenden sechs Längsbahnsteighallen von reichlich 200 m Länge und 20 m Höhe nicht ganz: Zu dieser Zeit gab es sächsische und preußische Normaluhren auf den 26 Bahnsteigen; auf 1 bis 13 liefen die Uhren preußisch, auf 14 bis 26 sächsisch.

Bahnhof Frankfurt (Main) (1901 – A) Sofort ersichtliche Zweckbestimmung (und überladener Neostilschmuck) prägen den Hauptbahnhof von Frankfurt (Main) von 1889. Einige Zeit galt er vor allem aus architektonischer Sicht als der «bedeutendste» der Welt. Auch seine technischen Daten konnten sich sehen lassen: 18 Gleise überdeckte die Halle von 186,4 m Länge, 169,1 m Breite und 28,6 m Höhe über Schienenoberkante. Drei Hallenschiffe von je 55,9 m Spannweite (auf der Karte sind sie gut erkennbar) überdachten reichlich drei Hektar pulsierendes Eisenbahngeschehen. Die Kosten für den Bau betrugen 35 Millionen Mark (Dresden erforderte 46 Millionen, und Leipzigs Hauptbahnhof verschlang sogar 137 Millionen Mark). Diese für damalige Zeit unermeßlichen Summen flossen allerdings vor allem in notwendige Umbauten älterer Gleisanlagen, nicht nur in die Empfangsgebäude. München, Frankfurt (Main) und Leipzig sind Kopfbahnhöfe. Die Bahnsteige liegen wie die Zinken eines Kammes zwischen den Gleisen, verbunden durch einen Querbahnsteig. Da keine Treppen zu steigen sind, ist diese Bauform für die Reisenden außerordentlich bequem, für den Eisenbahnbetrieb aber recht hinderlich. Eine Mischform zwischen Kopf- und Durchgangsbahnhof zeigen Dortmund und auch Dresden; in Dortmund liegen alle Gleise in einer Ebene, in Dresden bewegen sich die durchgehenden Züge im «ersten Stock». Bei 542 Zügen je Tag, also etwa 30 je Gleis, war der Frankfurter Bahnhof um 1910 bereits wieder überlastet.

Sonderbauten

Einige der mit den nächsten acht Karten vorgestellten Bauten hätten auch das Attribut «Ingenieurbau» verdient, andere vielleicht weniger – immerhin weisen sie einige bemerkenswerte Eigenheiten auf, um derentwillen sie hier herausgestellt werden sollen. Auch in ihnen spiegelt sich etwas «Ingenieuses» wider – ingenieus, das ist erfinderisch, geistvoll, eine Eigenschaft, die z.B. dem Festspielhaus Bayreuth durchaus zukommt, ohne daß es schon ein Ingenieurbau wäre. Sein Bühnenhaus z. B. weicht kaum von dem anderer Theaterbauten ab, ist eine Bühne wie viele andere. Seine Zuschauerraumgestaltung aber – doch lesen Sie das dann selbst! Andere Karten zeigen tatsächliche Ingenieurbauten, also solche, bei denen über architektonische Belange hinaus schwierige statische Berechnungen, kühne mechanische Konstruktionen und anderes erforderlich waren, um das Gelingen des Baues zu gewährleisten. Dies trifft zweifellos z. B. auf den Eiffelturm zu. Auch gehören dieser sowie das Bayreuther Festspielhaus unter den Begriff «Sonderbauten» ganz bestimmt. Man kann auch viele Verkehrsbauten, wie Postämter, zu den Sonderbauten rechnen. Zwei von ihnen (spezielle Verkehrsbauten wie Bahnhöfe, Häfen oder Luftschiffhallen wurden an anderer Stelle vorgestellt) seien kurz beschrieben und auf den nächsten beiden Karten im Bilde gezeigt.

Hauptpostgebäude in New York (1913 – A) Nach 1850 boten sich für das Postwesen entwickelter Länder, so auch der USA, durch ein besseres Straßennetz und Eisenbahnwesen große Möglichkeiten, des zunehmenden Postverkehrs Herr zu werden. Dazu entstanden um 1870 Postbauten, in Amerika meist in einem Pseudo-Renaissance-Stil gebaut, was zum Begriff «Postpalast» führte.

Postfuhramt Berlin, Oranienburger Straße (1907 – S) Das Gebäude ist in den Jahren 1875/81 auf dem Grundstück Nr. 35/36 errichtet worden, nachdem die Post 1874 die dort befindliche alte private Hofposthalterei übernommen hatte. Es ist ein Backsteinbau mit Terrakottenverkleidung und gehört mit zu den vom Staatssekretär im Reichspostamt, *Heinrich v. Stephan,* initiierten repräsentativen deutschen Postbauten in klassischen Bauformen. In den Ställen des Postfuhramtes waren damals 380 Pferde untergebracht – bedeutend mehr als zuvor bei der privaten Posthalterei mit maximal 109 Tieren. Das Gebäude in der Oranienburger Straße hatte Unterkunftsräume für die Postillione, Futterböden und auch Arbeitsmöglichkeiten für den Posttierarzt – von den eigentlichen Postbetriebsräumen ganz abgesehen. Die Postwagen (Fahrposten) hatten nicht nur Postverbindungen zu anderen Städten zu befahren, sondern auch die mit der Eisenbahn und den pferdegezogenen Postwagen ankommenden Postsendungen auf die Stadtpostämter zu verteilen bzw. die dort aufgelieferten Sendungen abzufahren. Diese innerstädtischen Beförderungsprozesse wurden später weitgehend durch Kraftfahrzeuge bewältigt, in Berlin ebenfalls durch das Postfuhramt. Im abgebildeten Gebäude hatte man seinerzeit noch das Postamt 24, das Fernsprechamt 3 und eine Rohrpostmaschinenstelle untergebracht – kurze Zeit die Betriebszentrale der Transradio-Aktiengesellschaft. Der letzte Posttierarzt in Deutschland quittierte übrigens erst 1925 seinen Dienst.

Repräsentativbauten (1896 – S) Budapest verwandelte sich in wenigen Jahrzehnten im Zuge der Unabhängigkeitsbestrebungen des ungarischen Bürgertums aus drei kleineren Orten zur Weltstadt mit mächtiger Industrie sowie großstädtischen Verkehrs- und Repräsentationsbauten. Auf dieser vom Zeichner sehr liebevoll gestalteten Karte sind zwei solcher Gebäude zu sehen, die «Königlich städtische Redoute» (Ballhaus) und die Ungarische Akademie der Wissenschaften unmittelbar am Pester Donauufer. Fassaden wie die der abgebildeten Bauten waren damals in allen Großstädten anzutreffen. Trotz reichlichen Schmuckes ist eine gewisse Uniformität der Bahnhöfe, Banken oder Theater aus jener Zeit zwischen 1870 und 1900 unverkennbar. Regelrechte Stil- und Formenkataloge – also Anfänge einer Standardisierung von Bauelementen – ermöglichten Maurermeistern wie großen Architekturbüros, ihren Auftraggebern in kürzester Zeit eine Auswahl an gotischen, barocken oder Renaissanceentwürfen vorzulegen. Für repräsentativere Bauten wurden Architektenwettbewerbe üblich. Oft entschied das Äußere, die raffinierteste Mischung von antikisierenden und neubarocken Säulen, Rokokodekors oder Renaissancestatuetten über den Zuschlag. Durch Nutzung damals moderner Technik entstanden so gewissermaßen in Serie und in erstaunlich kurzer Bauzeit Kirchen, Markthallen, Regierungsgebäude, Wohnhäuser usw. Dabei verbargen sich hinter den Fassaden vielfach technisch hochwertige Stahlkonstruktionen und eine geschickte, funktionsgerechte Aufteilung der Räume sowie großzügige Eingangszonen.

Eiffelturm (1908 – L) Am 26. 1. 1887 tat der französische Ingenieur *Gustave Eiffel* (1832 bis 1923) auf dem Marsfeld zu Paris den ersten Spatenstich. Mit seinen 199 Arbeitern feierte er am 31. 3. 1889 das Ende des Baues, und am 6. 5. fand die offizielle Eröffnung statt. Der aus 18 038 eisernen Teilen zusammengesetzte Riesenbau, den man aus Anlaß der Pariser Weltausstellung 1889 errichtete, ist 318 m hoch und wiegt 7000 Tonnen. *Eiffel* genoß den Ruf eines «Zauberers des Eisens». Er konstruierte u. a. Brücken in Bordeaux und den Viaduct de Garebit in der Auvergne, ferner das Postament für die New Yorker Freiheitsstatue (1886). Seinen Turm hatte man aus 715 eingegangenen und 15 in die engere Wahl gekommenen Vorschlägen ausgewählt – trotz scharfer Gegnerschaft. So wandten sich *Alexandre Dumas* d. J., *Anatole France, Charles Gounod, Guy de Maupassant* und *Emile Zola* an die Regierung, sie möge ein «derart abscheuliches Metallgerüst» nicht zulassen. *Eiffel* hatte 1792 Treppenstufen einbauen lassen, die 1792 stattgefundene Gründung der ersten französischen Republik würdigend. Der Fahrstuhl, hydraulisch durch eine Wassersäule angetrieben, war zur Einweihung noch nicht fertig. Er fror übrigens später öfters ein. Die meisten Ehrengäste kapitulierten bereits an der ersten Plattform (58 m). Die zweite in 115 m, die dritte in 276 m Höhe und schließlich die Spitze erreichten nur 13 Gäste. Der Turm hat eine Besucherkapazität von etwa 20000 je Tag. Für einen Anstrich benötigt man 70 Tonnen Farbe.

Festspielhaus zu Bayreuth (1911 – S) Dieses Haus – von vornherein nur als Provisorium gedacht – war einerseits ein Primitivbau, andererseits aber repräsentiert es überaus neue Züge im Theaterbau. Sein Grundstein wurde am 22. Mai 1872 gelegt. Das Grundstück erhielt *Richard Wagner* von den Stadtvätern Bayreuths geschenkt. Das Gebäude hat man nicht als Theater mit umlaufenden Rängen über dem Parkett konzipiert; denn die Zuschauer sollten nach *Wagners* Willen nicht von oben in das Orchester hineinsehen können. Vielmehr war das Bestreben, den Klangkörper so tief zu versenken, daß er unsichtbar blieb, was freilich erhebliche akustische Probleme aufwarf. *Wagner* versuchte sie zu meistern, indem er den Orchestergraben bis unter die Bühne weiterführen ließ, so daß eine Art Schalltrichter entstand. Musiker lenken, so meinte er, das Publikum vom Geschehen auf der Bühne nur ab. Zwischen Bühne und Zuschauern sollte ein – wie er es nannte – «mystischer Abgrund» entstehen. In den üblichen Theatern mit weit herumreichenden Rängen und Proszeniumslogen könne man die Schauspieler beinahe anfassen. Er aber strebte den körperlichen Abstand von innen ebenso an wie er andererseits den Kontakt mit ihnen verbesserte, indem er kein Orchester sichtbar werden ließ. Dazu gestaltete er den Zuschauerraum amphitheatralisch, genau der Perspektive folgend in immer breiter werdenden Reihen, die insgesamt aber nur einen Winkel von etwa 30 Grad einschließen. Die «Fürstenlogen», sonst in der Mitte des 1. Ranges gelegen, befinden sich im Festspielhaus ganz hinten hinter der letzten, der breitesten Reihe.

Nordostseekanal (1899 – L) Blickfang der Karte ist die kaiserliche Yacht «Hohenzollern». Wir wollen uns aber dem technisch bedeutsameren Bauwerk widmen, dem Nordostseekanal. Er gehört mit dem Suez- und dem Panamakanal zu den wichtigsten Kanälen der Welt. Verkürzung der Handelswege, Fragen der Transitgebühren und Zölle sowie nicht zuletzt strategische Erwägungen waren stets Hauptaspekte für die kostspielige Errichtung künstlicher Wasserstraßen. Der Nordostseekanal ist knapp 100 km lang. Seine Übergabe fand nach achtjähriger Bauzeit als «Kaiser-Wilhelm-Kanal» 1895 statt. Um größeren Kriegsschiffen die Passage zu ermöglichen, wurde er zwischen 1911 und 1914 auf 110 m verbreitert sowie von 9 auf 11 m Tiefe ausgebaggert. Insgesamt bestehen neun Ausweichstellen (Weichen). Die Ein- bzw. Ausfahrten in die Ostsee bei Kiel-Holtenau oder Brunsbüttelkoog in die Elbe sind mit Doppelkammerschleusen versehen. Eine Passage (mit maximal 8 kn) dauert etwa acht Stunden, größere Schiffe werden gelotst. Vier hohe Eisenbahnbrücken überqueren den Kanal. Im Jahr der Übergabe dieses 156-Millionen-Objektes benutzten 9305 Schiffe (mit einer Gesamttonnage von knapp 900000 Nettoregistertonnen) den neuen Wasserweg; ein Jahr später verdoppelten sich diese Zahlen, und bis 1913 hatten sich die Durchfahrten versechsfacht, die Tonnage aber mehr als verzehnfacht. Die «Registertonne» stammt noch aus der Hansezeit und bezeichnet ein Volumen, nämlich etwa 2,8 m^3. Ursprünglich waren Tonnen – also Fässer – als Maßeinheit der Ladefähigkeit benutzt worden. (Angabe der Schiffsgröße heute meist in Bruttoregistertonnen, BRT.)

Leuchtturm Rothesand (1896 – L) Wir wenden uns bei dieser Karte besonders dem 1885 in der Wesermündung errichteten, 1896 elektrifizierten Leuchtturm zu. Wie zu erkennen, steht er sturmumtost mitten im Meer, allerdings drohten in der Nähe zahlreiche Untiefen. Die mit dem Bau beauftragte Firma *Harkort* benutzte Rothesand gern, um ihre Erfahrungen mit der «pneumatischen Fundierung» überzeugend zu demonstrieren. Das Verfahren besteht grob in folgendem: Einem unten offenen Stahlkasten, der im Wasser dank der eingeschlossenen Luft schwimmt, wird auf seiner Decke der Pfeiler aufgemauert. Dadurch sinkt der Kasten tiefer; es wächst der allmählich im Wasser verschwindende Pfeiler. Setzt der Kasten auf, wird sein Inneres mit Preßluft gefüllt. Über Luftschleusen steigen Arbeiter durch den hohlen Pfeiler in den Kasten und tragen den schlammigen Grund ab. Gleichzeitig wird vermöge der Preßluft in der Kammer Schlamm unter den Kastenwänden hindurch nach außen gedrückt. Dadurch gräbt sich der Kasten mit seinen schneidenartigen Wänden tiefer in den Grund, bis er endlich auf tragfähigem Boden zur Ruhe kommt. Der Hohlraum wird dann noch ausgefüllt. Bei größeren Tiefen ist der Druck in der unteren Arbeitskammer erheblich; jedenfalls muß er größer als der außen herrschende Wasserdruck sein. Mehr als 25 m Tiefe konnte man damals noch nicht bewältigen. Die Arbeit in der Tiefe galt als sehr gefährlich und vor allem gesundheitsschädlich. Die sogenannte Caissonkrankheit trat dabei nicht selten auf.

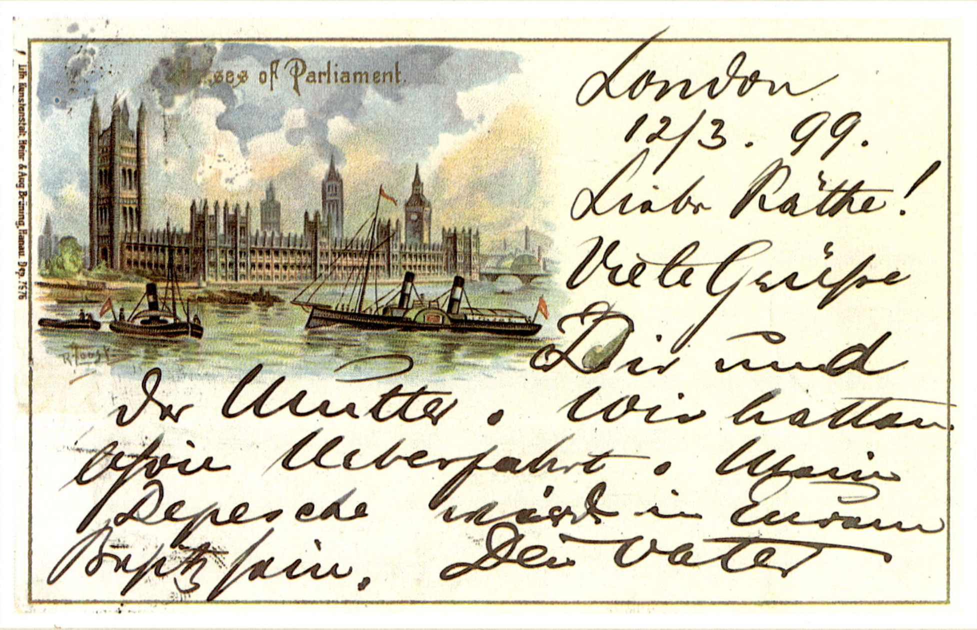

Parlament London (1899 – S) Das Gebäude wurde 1837 begonnen und 1868 äußerlich vollendet. 275 m ist das Riesenhaus lang, hat 1100 Räume, der weltbekannte Big-Ben-Glockenturm mißt 97,5 m, der Viktoriaturm (links) 102,4 m. Wenden wir uns aber einem Detail zu, um dessentwillen wir die Karte vom «größten gotischen Bau der Neuzeit» überhaupt zeigen. Es betrifft die damalige Klimatechnik. Sicher war es keine leichte Aufgabe, den berühmt-berüchtigten Londoner Nebel aus den vornehmen Räumen zu verbannen: Außenluft wurde wegen ihrer dortigen relativen Staubfreiheit unmittelbar über der Flußterrasse angesaugt und in Kammern mit Hilfe feiner Wasservorhänge vorgereinigt. Im Sommer waren zur Kühlung noch Eisstapel zu passieren. Nun folgte ein Kanevasvorfilter (Kanevas, engmaschiger Gitterstoff). Bei Nebel preßte ein großer Ventilator die Luft in verästelte Gänge, gefüllt mit dünnen Wattelagen zwischen Drahtnetzen. Die Watte wurde selbstverständlich häufig gewechselt. So gereinigt, konnte die Luft nun noch mit Dampfheizungsplatten erwärmt werden, bis sie schließlich über Regelmechanismen und Öffnungen im Fußboden sowie in den Wänden in den Sitzungssaal strömte. Dank der Gasbeleuchtung, die man deshalb noch lange beibehielt, und den trichterartigen Öffnungen über den Kandelabern entstand ein reger Zug, der die Abluft dem Glockenturm zuführte, auf dessen Sohle noch ein Koksfeuer zur Verstärkung der Ventilation unterhalten wurde. 70 Arbeiter bedienten diese Klimatechnik.

Völkerschlachtdenkmal (1910 – A) Zwei Jahre vor Fertigstellung des Denkmals entstand diese Ansichtskarte. Offenbar war man sich zu diesem Zeitpunkt über die endgültige Gestaltung der Turmkrone noch nicht sicher; denn das fertige Denkmal sah dann anders aus. Nach Baubeginn (1898) wurde eine gewaltige Pfeilerkonstruktion aus 61 kleineren und vier großen Säulen errichtet, die den sichtbaren Denkmalsteil tragen sollten. 26 m Höhe erhielten die Hauptpfeiler, mit den anderen eine unterirdische Halle bildend, selbst ein «Denkmal» für die damalige Betonbautechnik. Auf die Hallendecke kam – gleichfalls aus Stampfbeton – der eigentliche Denkmalskörper, insgesamt mit den Fundamenten 120000 m^3 Beton erfordernd. Die innere und äußere Verkleidung sowie der Figurenschmuck wurden aus Granitporphyr gehauen. Zum Transport der Steine dienten sehr massive Pferdewagen, 26000 Blöcke zwischen 1,2 und 18 t schwebten so über 14 km aus Beucha zur Baustelle. Die geschätzte Masse des Denkmals beläuft sich auf 300000 t. Sechs Millionen Mark wurden über Spenden für den Bau aufgebracht. Je 400 t wiegen allein vier riesige sitzende Figuren im Denkmalsinneren; in Reliefdarstellungen ziehen in der oberen Kuppel 324 Reiter fast in Lebensgröße entlang, mit der Kuppel gleich in Beton gegossen. 91 m hoch ist der Turm, 124 m am Fuße breit, 500 Stufen sind von der Straßenhöhe bis zur Aussichtsplattform zu erklimmen. Dabei verläuft die Treppe auch durch den Unterschenkel einer Außenfigur.

Hallenbauten (1904 – S) Hallen waren bei den Griechen und Römern meist freistehende Gebäude, vorn und hinten offen oder geschlossen. Sie enthielten lange Gänge, und ihre Dächer waren auf Säulen gestützt. Häufig findet man auch Hallen, die sich an einer Seite an ein Gebäude anlehnen, sonst aber dreiseitig offen zugänglich sind. Eine Halle, die rings um ein Gebäude läuft, nannte man Peripteros, eine solche, die einen freien Platz umgibt, hieß Peristylos. In vielen Hallen hat man Springbrunnen eingefügt, dazu auch Sitzbänke und Händlerstände. In Badeorten gibt es Trinkhallen. Solch ein Bauwerk – nach antiken Vorbildern und allseitig geschlossen – zeigt uns die obige Karte von 1913 aus Karlsbad (heute Karlový Váry, ČSSR). Über dem frontseitigen Eingang stehen die Worte «Sprudel Collonade». Eine Kolonnade – das Wort stammt aus dem Französischen – ist eben eine Säulenhalle. Hallenbauten hat man mit dem Fortschreiten der technischen Entwicklung dann mit immer breiter werdenden freitragenden Dachteilen versehen. Mitte des 19. Jahrhunderts lernte man freitragende Eisenkonstruktionen (z. B. bei Brücken und bei Bahnhofshallen) statisch zu beherrschen. Aus der technischen und gesellschaftlichen Entwicklung erwuchsen neue Begriffe, so z. B. Ausstellungshalle, Reithalle (Tattersall, nach einem englischen Trainer so genannt), Markthalle oder Turn- und Sporthalle, auch das Hallenbad sowie Sportarten wie Hallenhandball.

Technik-Kaleidoskop

Unter diesem sehr allgemeinen Sammelbegriff sollen noch einige Einzeldarstellungen angefügt werden, die für die Entwicklung der menschlichen Gesellschaft ebenfalls mehr oder weniger große Bedeutung hatten. Die Motive waren seltener auf Ansichtskarten zu finden. Und wenn man die nachfolgend gezeigten anschaut und die Erläuterungen gelesen hat, wird mancher noch zahlreiche überaus wichtige technische Errungenschaften aus damaliger Zeit vermissen. Dazu gehört sicher vieles aus der Elektrotechnik, wenngleich einige Probleme erfaßt werden konnten. Kaum etwas wurde z. B. von der Gasbeleuchtung gesagt, nichts von der gesamten Textiltechnik bis hin zur häuslichen Nähmaschine (ihr Erfinder war *Joseph Madersperger* aus Tirol 1839; ein praktisch verwertbares Modell schuf dann *Elias Howe*). Auch die Photographiertechnik tritt uns nur indirekt durch die auf den Ansichtskarten gezeigten Bilder entgegen; sie entstanden ja vielfach aufgrund von Lichtbildern. Hier begegnen uns Namen wie *Daguerre, Niepce* oder *Talbot,* denen dann die Pioniere der beweglichen Bilder – der Kinematographie – folgen müßten (*Skladanowski* und andere). Fast gänzlich ohne Erwähnung blieben auch die chemischen Erfindungen und Entdeckungen sowie die bewegenden medizinischen Erkenntnisse jener Jahre. Ein wenig davon enthält noch der Anhang, wo wir uns allerdings zur Demonstration anderer Medien bedienen.

Scherenschleifer (1900 – L) Ein nützlicher Beruf! Er wurde meist von wandernden Handwerkern ausgeübt – hier von einem jener zahlreichen fleißigen, einfachen Menschen jüdischer Herkunft. Ihr Schleifgerät hatte mitunter ein Laufrad und konnte umgekippt als Rollkarre benutzt werden. Die Schleifscheiben – dabei auch eine Polierscheibe – wurden über einen Fußhebel in rasche Umdrehungen versetzt, nachdem ein Transmissionsriemen aufgelegt war.

Kohlenbrennerei (Holzkohle) (1908 – A) Holzkohle hat einen Heizwert wie beste Steinkohle. Besonders braucht man sie für die chemische Industrie und Metallurgie, ferner als Poliermittel, Filterstoff sowie in der Medizin u. a. Beim Verkohlen von Holz entstehen brennbare Gase sowie Teer und Holzessig. Die Technik der Holzkohlegewinnung ist uralt, vor allem als Kohlenbrennerei (Köhlerei) in Meilern. Ein Meiler besteht aus einem kegelförmigen Haufen (beinahe wie die Hütten der Köhler aussehend, die auf der Karte wiedergegeben sind) aus Eichen-, Buchen-, Birken-, Fichten- oder anderem Holz. Mit einer Decke aus Erde und Rasen sowie Kohlenklein wird der Meiler bedeckt. Dann ist die Verbrennung einzuleiten, wobei eine genau dosierte Luftzuführung dafür sorgt, daß nicht mehr Holz verbrennt, als unbedingt nötig, im übrigen aber schwelend die Holzkohle entsteht. Das Ende des Verkohlungsprozesses zeigt sich in der Farbe des aufsteigenden Rauchs. Nach der Abkühlung folgt das Auseinandernehmen des Meilers, was man Kohlenlangen oder Kohlenziehen nennt. Statt der kegelförmigen Meiler kann man auch längliche Haufen errichten, wobei die Verkohlung dann von einem Ende zum anderen vonstatten geht. Gemauerte Meileröfen sind besonders für hochwertigere Holzkohle in Gebrauch, wie sie für die Schießpulverproduktion (Schwarzpulver) benötigt wird. Zeichenkohle produziert man aus Pfaffenhütchenzweigen, indem man diese in Blechgefäßen glüht. (Ob man seinerzeit schon mit Holzkohle grillte?)

Wasserwehr (etwa 1914 – F) Zum Wasserbau gehören alle Anlagen, die zur Nutzung des Wassers oder zur Verhütung von Wasserschäden dienen, also Hafenanlagen, Kanäle, Schleusen, Deiche und andere Uferschutzbauten, Talsperren, Ent- und Bewässerungen, Wasserleitungen, Wasseraufbereitungs- sowie Kläranlagen, Wassertürme und auch Wasserwehre. Unter einem Wehr versteht man einen in ein fließendes Wasser eingebauten Damm aus Stein, Eisen oder Holz. Dieser soll das Wasser anstauen und in seiner Geschwindigkeit mäßigen. Vielfach wird dadurch die Schiffahrt erst möglich. Allerdings muß das Wehr dann durch eine Schleuse umgangen werden. Es gibt auch Überfallwehre, die lediglich überflüssigem Wasser Abfluß gewähren. Ablaßwehre enthalten eine bewegliche Vorrichtung, Schütz genannt, die eine Regulierung des Abflusses gestattet. Sollen sie das Wasser besonders hoch anstauen können, dann dienen dazu wiederum Schleusenwehre. Wird das Wasser durch ein Wehr in zwei oder mehrere Richtungen aufgeteilt, dann spricht man von einem Gabelwehr. Parallel zum Ufer gestellte Wehre, über die Wasser seitlich abfließen kann, nennt man Streichwehre. Aus hölzernen oder eisernen Stangen bestehende Wehre zum Beruhigen des fließenden Wassers heißen Nadelwehre. Stürzt das Wasser aus einigen Metern Höhe von der Wehrkrone herab, dann entsteht der Eindruck eines Wasserfalls – das Bild zeigt einen solchen am (Olympia-) Berg Isel. So romantisch dieser Anblick ist – bei Wassersportlern sind Wehre höchst unbeliebt.

Wasserturm (1909 – L) Wichtigstes menschliches «Lebensmittel» (etwa 200 Liter, in modernen Neubaugebieten bis 400 Liter je Tag) ist neben Luft das Wasser. In Leitungen geführt, gelangt es in unsere Städte, Dörfer und Produktionsstätten. Natürliche Quellen, gebohrte Brunnen, Flüsse und Seen spenden das kostbare, unentbehrliche Naß. Talsperren (Trinkwassersperren) sind Hilfsmittel, um in Zeiten knapper natürlicher Zuflüsse Reserven zu haben – auch, um zerstörerische Wasserkräfte zu bannen. Soll das Wasser bis in die Häuser der Menschen gelangen, muß man es über reinigende Anlagen (Klärteiche, Filterbassins) und Röhrenanlagen zu den Zielpunkten leiten. Dazu dienten früher auch die schon in der Römerzeit bekannten Aquädukte, die das Wasser z.T. offen, aber auch schon verdeckt führten. Hölzerne Röhren aus ungeschälten Stämmen der Kiefer oder Rottanne, sogenannte Tondeichel oder dann Steingut- und Porzellanröhren bis zu eisernen Wasserröhren führen das Wasser. Damit es auch in die obersten Stockwerke der Gebäude hochsteigt und dort noch über ausreichenden Druck verfügt, muß man es zunächst in Hochbehälter oder Wassertürme pumpen. Wassertürme sind erforderlich, wenn der Ort keine natürlichen Höhen oder Berge hat, wo man Hochbehälter (Wasserwerke) anlegen könnte. Zum Hochdrücken des Wassers z. B. in einen Wasserturm errichtete man früher eine sogenannte Wasserkunst – oft kunstvoll konstruierte Gestänge und Räderwerke (Schöpfwerke bzw. Kolbenpumpen in mehreren Etagen).

Buchbinderei (1914 – K) Im Mittelpunkt des Bildes sehen wir eines der wichtigsten Hilfsmittel zum Einbinden von Büchern nach klassischer Manier: die Heftlade. Sie ist ein senkrecht stehender Rahmen mit je nach Buchformat zwei bis sechs Fäden oder Schnüren, in die die einzelnen gefalteten Bogen, die bereits geheftet sind, eingelegt werden. Damit die Schnüre am Buchrücken nicht erhaben hervortreten, sägt man in die Rücken mit einem Fuchsschwanz bzw. einer Einsägemaschine einen Schlitz so tief ein, daß die Fäden darin verschwinden können. Zum Heften gehören noch der Vor- und Nachsatz und das Beschneiden des Buchblocks. Wertvolle Bände bekamen früher auf den oberen Schnitt eine Goldauflage, hauchdünnes Blattgold, das mit Eiweiß und Ochsengalle (dem sogenannten Poliment) aufgeklebt wurde. Krümmen sowie Ansetzen von Rücken und Buchdeckel folgen dann als nächste Arbeitsabschnitte. Der Rücken besteht aus Kartenpapier; er wird mit beiden Deckeln verklebt. Auch die ausgefaserten Enden der Schnüre des Buchblocks werden an den Innenseiten des Deckels verklebt, desgleichen die umgebogenen Ränder der Rückenbekleidung. Dann gelangt das Buch in eine Presse. Wir sehen eine solche auf der Karte rechts, die von der Weltausstellung für Buchgewerbe und Graphik, Leipzig 1914, stammt. An der Herstellungstechnik besonders wertvoller und repräsentativer Einbände hat sich bis heute nichts geändert, anders bei Massenauflagen, die vollmechanisch gebunden, geklebt (gelumbeckt) oder geheftet werden.

Innerbetrieblicher Transport (1908 – A) In jedem Betrieb mit gewisser Ausdehnung machen sich innerbetriebliche Transporte nötig. Dazu dienen u.a. Flurförderzeuge, deren wichtigstes heute der Gabelstapler ist, mit dem Paletten oder Rollbehälter (Container) innerhalb von Fabrikhallen usw. bewegt werden. Andere innerbetriebliche Transportmittel sind z.B. Plattenwagen oder (in Gießereien) Pfannenwagen, Transportbänder oder Röllchen- und Rollenbahnen. Alle diese Geräte paßt man weitgehend der spezifischen Produktion des Betriebes an, so auch die auf der Karte dargestellten und von Hand verfahrbaren Karren in einer Paketumschlagstelle (Pakum) oder einem größeren Postamt. Die Fahrzeuge sind hier mit Korbgeflecht bzw. Kreuzlatten für die Seitenwände versehen, um sie möglichst leicht zu halten. Sie werden zum Ladungsaustausch auf den Bahnsteig der Eisenbahn gefahren und neben dem haltenden Bahnpostwagen aufgestellt. Das Ein- und Ausladen muß bei den oft nur kurzen Haltezeiten der Züge sehr rasch vor sich gehen. Danach fährt man die Pakete in die Packkammer, wo sie auf die dem Postamt angeschlossenen Landpostorte aufgeteilt bzw. zur Ortszustellung bereitgestellt werden. Die Texte auf den Schildern mahnen: «Wagen nicht zu hoch beladen» und «Pakete nicht werfen». Bemerkenswert sind die oben an den Decken angebrachten Gasleuchten mit ihren zum Öffnen und Schließen der Gaszufuhr dienenden Zugleinen.

Fabriklabor (etwa 1900 – A) Die Nutzung chemischer Untersuchungsmethoden in der unmittelbaren Produktion außerhalb der Metallurgie, der chemischen Industrie oder der Nahrungsgüter- bzw. Landwirtschaft stand um 1900 noch in den Anfängen. Allerdings blieben kleinere Unternehmen oft erst dann konkurrenzfähig, wenn sie sich modernster (und kostspieliger) Methoden bedienten – man denke nur an das beispielhafte Zusammenwirken des Physikers *Ernst Abbe,* des Chemikers *Otto Schott* und des Mechanikers *Carl Zeiß.* Einige der dargestellten Geräte gehörten seit der Alchimisten Zeiten in jedes Labor: Mörser mit Pistill (links unten), daneben Reibschalen aus Porzellan oder die sechs Abdampfschalen darüber. Etwa in der Mitte des linken Tisches folgen ein raketenförmiger Verbrennungsofen und ein «weißer Kasten» – vermutlich ein Muffelofen mit davor gelagerten Einsätzen. Rechts neben den Öfen steht eine Extraktionskolonne, wieder daneben in Stativen hängend eine Destillationsanlage mit U-förmigen Gastrocknungsrohren. An der hinteren Wand (in Bildmitte) hatte man wahrscheinlich eine veränderliche Spannungsquelle installiert. Das Gehäuse seitlich davon, halb vom Kopf des (nichtweißbemantelten!) Chemikers verdeckt, umschließt ein Gasprüfgerät; die robuste Messingapparatur mit Manometer war wohl der Kompressibilitätsbestimmung von Ölen o. ä. vorbehalten. Das Metallgefäß mit Dreifuß auf dem Tisch könnte der Flammpunktbestimmung gedient haben, während im daneben stehenden gläsernen Exsikkator Stoffe unter Luftabschluß lagerten. In diesem Laboratorium war man sichtlich gut ausgestattet.

Hugo Przyrembel hinter seinem Bruder Otto
auf Triumph mit Continental

Motorrad – Schrittmachermaschine (1910 – L) Welch ein Anblick für Kenner: eine «Triumph»-Schrittmachermaschine aus der Zeit nach der Jahrhundertwende! Sie wurde für Steherrennen konstruiert. Hierbei fährt ein Radrennfahrer (Bahnfahrer) hinter dem Schrittmacher her, von ihm nur durch eine leicht drehbare Rolle getrennt, an der er sich während der Fahrt (bis 70 km/h) möglichst nahe halten soll. Denn nur dann befindet er sich nicht im Windwirbel, der sich hinter jedem Fahrzeug bildet. Dazu sitzt der Schrittmacher möglichst weit hinten auf seinem Motorrad. Und außerdem soll er möglichst breitschultrig sein, damit auch der Luftwiderstand für den Rennfahrer maximal gering bleibt. Steherrennen gehen über eine Stunde, auch über 100 km oder z. B. 300 Runden. Das Motorrad hat einen sehr kräftigen, langsamlaufenden und durchzugstarken, bulligen 500- oder 1000-Kubikzentimeter-Motor, hier als Zweizylindermotor in V-Anordnung. Zweitaktmotoren sind nicht geeignet. Vielmehr muß die Leistung «aus dem Hubraum» kommen. Die Maschinen verfügen über kein Schaltgetriebe, sondern werden durch die Kupplung in Fahrt gebracht und dann durch den Gasdrehgriff in ihrem geringen Geschwindigkeitsbereich geregelt. Dazu ist eine gute Verständigung zwischen beiden Sportlern nötig. Deshalb trägt der Kraftfahrer «Kopflöffelohren», die nach hinten zu offen sind, damit er Zurufe, wie «Allez!» (vorwärts, schneller) oder «Oooh!» (wenn sein Partner von der Rolle abgekommen ist), im Motorenlärm verstehen kann.

Elektrifizierung (etwa 1914 – A) Zwar stammt dieses Wort aus dem heutigen Sprachgebrauch, doch von der Sache her trifft es durchaus schon auf die Zeit vor und nach der Jahrhundertwende zu. Beim Betrachten dieser Karte ist man freilich geneigt, an den Witz zu denken, wonach die Tatsache, daß man in den Pharaonengräbern keine elektrischen Drähte gefunden habe, darauf hindeute, daß die alten Ägypter bereits die drahtlose Telegraphie gekannt haben müssen. Auch auf der Karte fehlen nämlich zahlreiche Drähte. Zwar hat ein Retuscheur wenigstens einige in das Bild hineingezeichnet, doch beschränkte er sich ausschließlich auf die zum Fortleiten von elektrischem Starkstrom bestimmten. Ein kaum entwirrbares Drahtgemenge würden wir sehen, wenn auch die Fernsprechleitungen berücksichtigt worden wären. Zwar ragt auf dem mittleren (weißen) Gebäude ein mächtiger Dachständer empor, und auch das hintere (gelbliche) Gebäude läßt ein Dachgestänge erkennen, doch die zugehörigen Leitungen hatte die Photographie nicht erfaßt. Viele Leser werden noch die oberirdischen Fernsprech- und Telegraphenleitungen an den Landstraßen kennen (oft waren es zwanzig Doppelleitungen und mehr), und wenn man das Ohr an einen Mast hielt, dann meinte man, tausend Stimmen von Telefonierenden zu hören, während der Wind durch die Drähte harfte. Seit langem ist man dazu übergegangen, die oberirdischen Leitungen zu verkabeln und die Dachgestänge zu beseitigen. Dies begann in den Städten und vor allem in deren Zentren.

Fernsprechvermittlung (1906 – R) Nachdem am 26. Oktober 1861 *Philipp Reis,* Lehrer in Friedrichsdorf (Taunus), seine Erfindung – das Telephon – der Öffentlichkeit vorgestellt hatte, und *Graham Bell,* Taubstummenlehrer in Boston (USA), diese Neuerung erheblich verbesserte, nahm sich die Industrie dieses neuen Nachrichtenmittels an. Durch die ersten Telephonverbindungen zwischen zwei Apparaten waren Brauchbarkeit und Nützlichkeit des Fernsprechens bewiesen. Es entstand der Gedanke, daß nicht nur zwei, sondern alle Fernsprechteilnehmer paarweise miteinander sprechen können müßten. So kam es zur Konstruktion einer Telephonzentrale. Die erste wurde am 25. Januar 1878 in Newhaven (Connecticut, USA) in Betrieb genommen. Andererseits hat der berühmte amerikanische Erfinder *Th. Alva Edison* einem Ungarn, *Theodor Puskás,* in einer Widmung auf einem Photo (Original im Ungarischen Postmuseum Budapest) bestätigt, daß er – *Puskás* – der erste gewesen sei, der eine Telephonzentrale gebaut habe, und zwar in Boston, USA. Am 12. Januar 1881 erhielt auch Berlin eine Zentrale; an sie waren acht Teilnehmer angeschlossen. New York hatte 1879 bereits 4000 Teilnehmer. Die Ortsvermittlungen wurden mit dem Gelingen von Telephon-Weitverbindungen durch Fernvermittlungen ergänzt. Unsere Karte von 1906 zeigt das Fernsprechamt in Leipzig. Rechts erkennt man die großen Klinkenfelder des Ortsamtes, in der Mitte stehen die Fernverbindungsschränke. 1898 erfand *Almon B. Strowger* (Kansas City) eine automatische Vermittlung, den Hebdrehwähler. Er ermöglichte die Teilnehmerselbstwahl.

Elektrische Uhr (1914 – L) Die Idee dazu hatte 1839 *August v. Steinheil* (1801 bis 1870) in München. Auch Professor *Charles Wheatstone* (1802 bis 1875) und ein Mister *Bain* meldeten in England Prioritäten für ihre damals entstandenen Zeitübermittlungstelegraphen an. Das Prinzip ganzer Uhrenanlagen besteht darin, daß von einer Mutteruhr aus mehrere Nebenuhren durch Drähte angeschlossen sind, über die sie aller Minuten einen elektrischen Impuls erhalten. Die Mutteruhr kann eine normale Feder- oder Gewichtsuhr mit einem elektrischen Impulsgeber sein, aber auch aus einem elektrischen Schrittschaltwerk bestehen. In den Nebenuhren, die über ein Stadtgebiet oder ein Gebäude (Fabrik, Ministerium, Hotel usw.) verteilt sein können, befinden sich ebenfalls Schrittschaltwerke, die dann – elektrisch gesteuert – die Zeiger um jeweils eine Minute fortbewegen. Um Doppelschritte auszuschließen, erdachte ein Techniker namens *Hipp* entsprechende Anordnungen. Bei großformatigen Nebenuhren (Zeiger größer als 1 m) besorgen den Antrieb lokale Uhrwerke oder auch elektrische Mittel getrennt von den Impulsleitungen. Diese lösen dann den Schaltvorgang nur aus. Unsere Karte zeigt eine «Normaluhr» (Nebenuhr) im alten Belgrad (Beograd). Sie steht übrigens vor dem Café «Albanije», von dem man sagt, hier hätten die Verschwörer das Attentat auf das österreichische Thronfolgerpaar Erzherzog *Franz Ferdinand* und seine Frau *Sophie* (28. Juni 1914 in Sarajevo) ausgedacht. Dieser Mord war dann äußerer Anlaß für den ersten Weltkrieg.

Riesenrad im Wiener Prater (1897 – L) Als die Karte im Wiener Vergnügungs- und Naturpark «Prater» geschrieben wurde, war das imposante Riesenrad erst wenige Monate alt: Es wurde nach achtmonatiger Montagezeit im Juli 1897 in Betrieb genommen. Gebaut hatte es der englische Marineoffizier und Besitzer einer Schiffskesselfabrik *Walter Basset.* 400 Tonnen Stahl verbrauchte er für die vier riesigen Reifen, die 10,8 m lange Achse, die beiden mächtigen Tragepylone sowie die von der Achse ausgehenden Stahlseile. Alle Teile waren in England vorproduziert. Das 64 m hohe Rad trägt – quergestellt und aussehend wie Eisenbahnwaggons – 30 Gondeln aus Holz. Sie sind übrigens kurz vor Ende des zweiten Weltkrieges verbrannt und wurden 1947 durch 15 neue Gondeln ersetzt; die Halterungen der anderen 15 ragen heute frei in die Luft. Nur 75 cm je Sekunde bewegen sich die Gondeln auf- bzw. abwärts, so daß die etwa 500000 Besucher je Jahr genügend Zeit für einen genußvollen Rundblick haben. Bei klarem Wetter reicht die Sicht bis in die benachbarten weltberühmten Weindörfer, bestimmt aber bis zum Kahlenberg. Das Rad verbindet eine gewisse Schicksalsgemeinschaft mit dem Pariser Eiffelturm: Beide hatte man nur für wenige Jahre Standzeit vorgesehen, beim Riesenrad waren es 15 Jahre, beim Eiffelturm 20 Jahre. Ihn rettete die Rundfunktechnik: er wurde als Antennenmast gebraucht. Das Praterrad verdankt der Vergeßlichkeit seinen Fortbestand: ein Beamter hatte die Akte «Abriß Riesenrad» verlegt – ob mit Absicht, ist nicht bekannt.

Technik und Umwelt

Allzu vertraute Begriffe der heutigen Zeit – wie Luftverschmutzung, Lärmbelästigung, Ölpest usw. – sind so neu nicht. Im Gegensatz zu jetzt konnte sich aber die Technik der Gründerjahre im Rahmen einer noch relativ unverbrauchten Natur entwickeln und auch aus volleren Ressourcen schöpfen. Ein Teil der jetzigen Umweltprobleme hat historische Wurzeln in den «Sünden» der Anfänge der Technik. Dabei war das Schlagwort «Naturschutz» seit etwa 1850 in Gebrauch. Um die Jahrhundertwende schuf Preußen sogar eine entsprechende Behörde. Freilich – und das beruhte auf einem Mißverständnis des Verhältnisses von Schutz und Nutzung der Natur – versuchte man lediglich unbewirtschaftete «Reservate» einzurichten. Die umfassende Berücksichtigung des Ganzen war dieser Zeit aber objektiv noch nicht möglich, ein «Naturschützer» ein oft belächelter Sonderling und zudem vielleicht gar ein Feind von Profit oder Arbeitsplätzen! Selbstverständlich erschien Umweltschutz damals längst nicht so dringend wie heute. Man kann daher von alten Ansichtskarten diesbezüglich meist nur mittelbare Aussagen erwarten, von einer etwaigen repräsentativen Illustration moderner Probleme anhand alter Darstellungen ganz zu schweigen. Immerhin bieten auch andere Abbildungen dieses Buches Gelegenheit, z. B. über ressourcenerschöpfende Materialverschwendung wegen fehlender Standardisierung oder Einführung neuer Technik ohne Nebeneffektuntersuchungen nachzudenken.

Verkehrsraserei (1898 – L) Die Postkutsche war um die Jahrhundertwende noch ein völlig normales Transportmittel für Personen oder Post – trotz des bereits sehr dichten Eisenbahnnetzes. Wesentlich «moderner» erscheint aber sicher das grobe Verhalten des Postillons gegenüber den panisch flüchtenden Rindern. Ein «Verkehrsrowdy» anno 1898 auf Schweizer Straßen!

Kyffhäuserdenkmal (1897 – S) Eine Beeinträchtigung der Umwelt erbrachte das Kyffhäuserdenkmal in zweifacher Hinsicht. Einmal trug der Kyffhäuserbergrücken noch aus der Hohenstaufenzeit wertvolle Burgen, so die Reichsburg Kyffhausen, auf einem Areal von 600 × 50 m zu den größten überhaupt zählend. Da ihre Gebäude noch als Wohnungen für Feudalherren dienten, blieben die romanischen Bauten über Jahrhunderte nahezu unverändert erhalten. Sie alle mußten dem Denkmal weichen. Zum anderen schuf das Bauwerk ideologische Belastungen. Legenden hatten Berg und Burg seit langem umwoben. Die volkstümlichen Taten des Kaisers *Friedrich II.* wurden später auf seinen Großvater *Barbarossa* übertragen, in dem viele Menschen den Befreier von feudalen Lasten sahen, wenn er nur «aus seinem Schlaf tief unten im Berge» erwachte. Dies nutzte der Hohenzollernstaat in demagogischer Weise, um Kaiser *Wilhelm I.* zu verherrlichen (für sein überdimensionales Reiterstandbild kamen 8,6 t Mansfelder Kupfer und 8,3 t Eisen zum Einsatz). In Gestalt des Kyffhäuserdenkmals entstand damals gleichzeitig ein Treffpunkt für Nationalisten und Chauvinisten. Das nach Entwürfen des späteren Völkerschlachtdenkmalsarchitekten *Schmitz* gestaltete Werk mißt 57 m in der Höhe. Zum Bau (1890 bis 1896) wurden 25000 m^3 Stein aus einem Rotliegendenbruch unmittelbar am Bauort gebrochen, womit gleichzeitig das Schicksal der Mittelburg von Kyffhausen besiegelt war. Der 62000 t schwere Turm hingegen vertrieb die Oberburg.

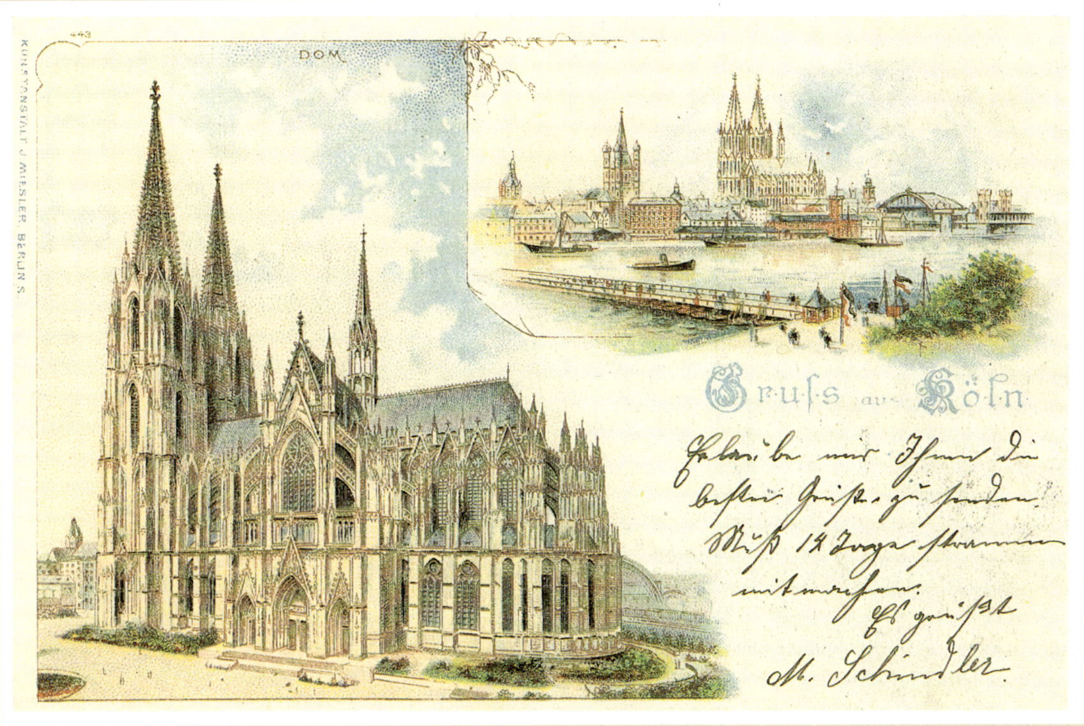

Bedrohte Gotik (1903 – S) Dominante der Karte ist der Kölner Dom, jenes gewaltige Denkmal gotischer Baukunst, an dem Menschen jahrhundertelang arbeiteten. Aber gleich dahinter erhebt sich der Bahnhof! Nach dem Frankfurter und dem Dresdener gehörte er zu den größten Deutschlands. Seine Gleise lagen 6 m über Straßenniveau (der Höhe der alten Rheinbrücke – siehe rechts oben – wegen). Treppen führten zum Hauptbahnsteig, der unter der gewaltigen dreischiffigen Halle von je vier Kopfgleisen begrenzt wurde. Ferner gab es vier den Bahnsteig umfassende Durchgangsgleise. Ursprünglich – in den 70er Jahren – hatte man sechs solcher Gleise vorgesehen. Aus Rücksicht auf den Dom (!) ließ man es aber bei einer geringeren Spannweite der Hallenkonstruktion bewenden. Bald nach Übergabe des Bahnhofes (1895) wurden die Kopfgleise zu Durchgangsgleisen ausgebaut, was zwar den Reisenden mehr Unbequemlichkeiten brachte, aber den Betriebsablauf erleichterte. Und der Dom? Ihm bekam bis heute die Nachbarschaft des Bahnhofes schlecht; der ästhetische Gegensatz war noch das geringste Übel. Doch die Rauchgase der Dampflokomotiven (wie auch andere industrielle Luftverschmutzungen) nagten am 160 m hohen Unikat; und kaum unterbrochene Erschütterungen durch die rollenden Züge (1907 waren es bereits 476 je Tag) teilten sich dem Dom bedrohlich mit. Die Dampfloks fielen mittlerweile weg. Schädliche Atmosphärilien und Erschütterungen durch E- und Dieselloks aber nehmen ständig zu.

Hüttenwerke in Waldgebieten (etwa 1900 – A) Ein Bergbauenthusiast kennzeichnete auf dieser Karte ein Detail, das sonst wohl unbeachtet geblieben wäre – ein Lichtloch des Rothschönberger Stollens. Zur Entwässerung der Freiberger Gruben wurde ab 1844 mit staatlicher Finanzierung ein 13,9 km langer Tunnel von einem Flußtal bis zur Sohle des Reviers getrieben. 33 Jahre dauerte der Bau, 1877 kamen erstmals Dynamit und Preßluftbohrer zum Einsatz. Acht Lichtlöcher dienten als Einstiege und dem jeweiligen Vortrieb der Stollenteilstücke nach beiden Seiten. Mit dem Bau des kostspieligen Stollens konnte die Wasserführung im Revier, einschließlich der Bereitstellung von Nutzwasser für Wasserkraftmaschinen mit neuinstallierten 1100 PS (810 kW), wesentlich verbessert werden. In Sachen Umweltschutz interessiert hier aber vor allem die Esse von Halsbrücke. 1845 war mit der Aufstellung englischer Flammöfen das Schmelzen von Erzen geringen Silbergehaltes möglich geworden. Durch die Rauchgase (Schwefeldioxid) kam es zu schweren Schäden der umliegenden Fluren, besonders im nahegelegenen ausgedehnten Tharandter Wald. Erste Abhilfe bewirkte die teilweise Umstellung der Produktion auf Schwefelsäure bzw. die zunehmende Verarbeitung reicherer ausländischer Erze. Eine ganz beträchtliche Reduzierung der Umweltbelastung brachte die 1889 vollendete Hohe Esse, zu der 1 Million Ziegel verbaut wurden. Sie bewirkte die Verdünnung schädlicher Gase in großer Höhe, so daß das Baumsterben im Tharandter Wald vorerst beendet war. Eine Problematik also, die uns heute mehr denn je bewegt.

Seehundjagd (1897 – S) Die ostfriesische Insel Wangerooge war im Laufe der Jahrhunderte immer kleiner geworden; zur Zeit des Kartendruckes maß sie noch 8 km in der Länge und 1 km in der Breite. Die «Vogelschau»-Darstellung ist demzufolge etwas sehr nach der Laune des Zeichners geraten. Realistischer sind schon die Ortslage mit der 7 km entfernten Küste im Hintergrund wiedergegeben – und auch die Seehundjagd! Den ein bis knapp zwei Meter langen Robben wurde wegen ihres schwärzlichen oder weißlichen, graubraun bis gelbbraun gesprenkelten Felles nachgestellt, weniger ihres Fleisches oder Fettes wegen. Obgleich vorzügliche Schwimmer und geschickte Fischjäger, entfernten sich die Tiere kaum von der Küste. An Land waren sie recht hilflos. Ihre guten Sinne bewahrten die heiser bellenden Meeressäuger jedoch nicht vor den Keulen oder Kugeln der Jäger. Bei lediglich ein bis zwei Jungen und 11monatiger Tragezeit nahmen ihre Bestände mehr und mehr ab, bis sie schließlich unter Schutz gestellt wurden. Die Ausrottung von Tierarten war und ist nicht schlechthin Folge der Industrialisierung oder der Erschließung von Kontinenten (denken wir nur an das Abschlachten von Millionen amerikanischer Büffel während des Baues der großen Eisenbahnen oder an die Tötung etwa ab 1900 von jährlich 12000 Elefanten, um besonders für englische Billardspieler Elfenbeinkugeln aus den Stoßzähnen herzustellen), sondern Merkmal einer rigorosen, durch gesellschaftliche und technische Möglichkeiten potenzierten Profitsucht rücksichtsloser Menschen. Erst in unseren Tagen formiert sich gegen solche Frevel ein weltweites Empfinden.

Wasserprobleme (etwa 1913 – A) Vor dem damaligen Reichsgericht in Leipzig schäumt zwischen steinernen Mauern die Pleiße, kurz nach dem Wehr aber schon wieder träge (und unangenehm riechend) dahinfließend. Bis in die 60er Jahre des vorigen Jahrhunderts war etwa an dieser Stelle noch Trinkwasser für die Stadt entnommen worden. Später nutzte man an einer anderen Entnahmestelle gefiltertes Fluß- und Grundwasser, ab 1887 nur noch ergiebige Grundwasserströme. Dazu zwangen nicht nur der gestiegene Wasserbedarf, sondern auch die Einleitung der Abwässer (1887 immerhin 23000 m^3 je Tag bzw. 10 l je Kopf und Stunde) in Elster, Parthe und Pleiße nahe der Stadt. Daß es bereits damals zu Klagen der Bevölkerung über die Verunreinigung offener Gewässer kam, ist verständlich. Kanalisierung sowie Regulierung der Flüsse im Stadtgebiet waren aber auch aus anderen Gründen unvermeidlich geworden. Vielen Gewässern wurde von Floß- und Mühlgräben erhebliches Wasser entzogen, so daß sie «verwilderten». Demzufolge überfluteten jährliche Hochwässer regelmäßig weite Teile des Stadtgebietes. Das Scherzwort von der «Seestadt Leipzig» hatte also nicht nur etwas mit dem Hang der Leipziger zum Maritimen zu tun. Nach umfänglichen Vermessungen und Verhandlungen (ab 1850) wurden dann Schritt für Schritt Flußbetten begradigt, in steinerne Kanäle gefaßt oder auch überwölbt, Flutrinnen angelegt, Dämme und ganze Stadtteile aufgeschüttet. 1890 war die Hochwassergefahr endlich wenigstens teilweise gebannt.

Ausstellungen

Zu der von uns behandelten Zeit standen Ausstellungen von Produktionserzeugnissen bereits in hoher Blüte – wie die hier präsentierten Ansichtskarten dokumentieren. Zuerst war es ein Franzose, Marquis *d'Avèze,* der eine mit einer Preisverteilung verbundene Industrieausstellung vorschlug. 1798 kam seine Idee in Paris zum Tragen, der weitere solcher Veranstaltungen (1801, 1806, 1919 usw.) folgten. Bayern (München 1818), Sachsen (Dresden 1824), Preußen (Berlin 1827) und Österreich (Prag 1828) zogen nach. Das sonst technisch-ökonomisch doch fortgeschrittene England veranstaltete indessen erst 1843 in Manchester und 1845 in London Ausstellungen. Die erste allen Ländern offenstehende Exposition – also eine Weltausstellung – fand 1851 in London statt. Ein Mann namens *Parton* entwarf dazu den «Krystallpalast» – 1848 Fuß lang (1 engl. Fuß sind 12 Zoll oder 30,48 cm), 408 Fuß breit und 60 Fuß (etwa 20 m also) hoch. Sein Dach ruhte auf 3230 gußeisernen Säulen und wurde in der Mitte durch ein hölzernes Querschiff (Transept) gekreuzt (wie bei einer Kirche). In dem Palast gab es 2000 (!) Ausstellungsräume. Vertreten waren 13938 Aussteller, von denen 2918 Preismedaillen bekamen. 1. Preise (council-medals) wurden 170 Ausstellern für neue Erfindungen und wichtige technische Verbesserungen zugesprochen – bestes Renommee für Firma sowie Exponat, wie das auch in unseren Tagen noch ist.

Ausstellung in Düsseldorf (1902 – A) Die im Vordergrund vor dem Ausstellungs-Prunkbau posierenden Besucher demonstrieren: Man möchte bei solchen Veranstaltungen nicht nur sehen, das «Wohlstandsbürgertum» will vor allem auch gesehen werden, um so als am Fortschritt Interessierte zu gelten. Zeittypisch die Kaiserkronen mit dem W *(Wilhelm)* auf den Obelisken!

Ausstellung in Halle (1885 – H) Die dargestellten Hallenbauten hat man weitgehend in Fachwerkbautechnik errichtet – bis hinauf zum Kuppelbau. Wehende Fahnen sind Ausdruck eines nach der Reichsgründung anwachsenden «Nationalstolzes» um die Jahrhundertwende. Dazu trug die damals zunehmende Qualität deutscher Waren – in der Ausstellungshalle in breiter Palette gezeigt – wesentlich bei: diese Erzeugnisse wurden in der Welt immer begehrter, was den Konkurrenzkampf insbesondere mit Großbritannien und Frankreich, aber auch schon Amerika verschärfte. Die Karte ist eines jener Frühexemplare, die heute von Sammlern sehr begehrt sind – hergestellt im Hochdruckverfahren mit einem Holzstich, der sich direkt zum Drucken mittelhoher Auflagen eignete. *Ausgestelltes:* Natürlich können wir uns nicht dafür verbürgen, daß das, was angeführt wird, auf der jeweiligen Exposition auch zu sehen war – dies vermag wohl heute niemand mehr nachzuvollziehen. Allenfalls blieb es für einige wirklich überragende Erfindungen von der Jahreszahl her überliefert, wann sie entstanden. Nachstehende Dinge – viel Originelles darunter – erblickten jedoch zu dieser Zeit wirklich das Licht der Welt, bestaunt von den Ausstellungsbesuchern, unter ihnen viele Frauen; denn nicht wenige der Neuheiten waren für den bürgerlichen Haushalt bestimmt. Manches blieb sogar bis heute erhalten; mehr aber wurde alsbald von der Zeit überholt.

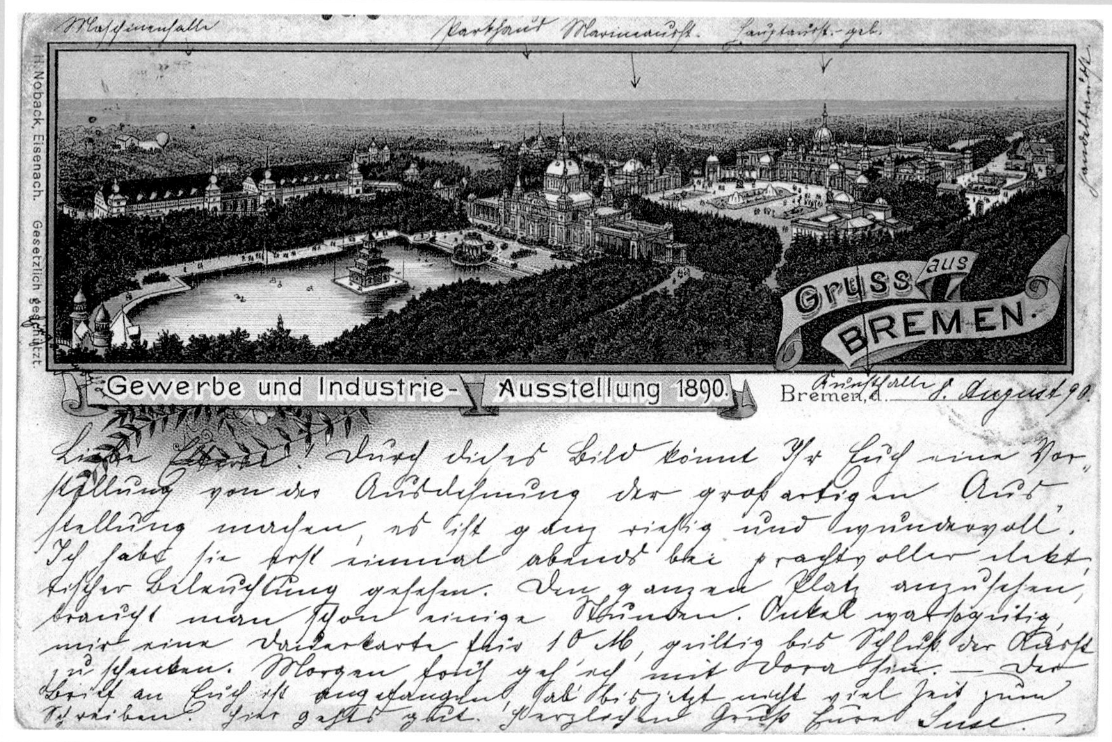

Ausstellung in Bremen (1890 – S) Zum Betrachten dieser exakt gezeichneten Karte sei ein gut vergrößerndes Leseglas empfohlen. Dann vermag man wohl auch die handschriftlich auf den Kartenrand (in deutscher Schreibschrift) angebrachten erklärenden Worte zu entziffern, mit denen auf die einzelnen Gebäude des umfangreichen Ausstellungsgeländes hingewiesen wird. Daß es einen besonderen Marineausstellungsteil gab, ist zweifellos auf das Bestreben der kaiserlich-preußischen Militärs zurückzuführen, um die Jahrhundertwende als Widerpart gegen England eine starke Flotte zu schaffen. Lesenswert ist ferner der untenstehende handschriftliche Text. In ihm ist vom elektrischen Licht die Rede und davon, daß eine Dauerkarte 10 Mark (Goldmark!) kostete.

Ausgestelltes: Reform-Kochkiste «Hausschatz», Kochgruben mit Asbestpappe ausgekleidet, kochte auf 100 °C erwärmte Speisen bei 80 °C gar («Kochen ohne Feuer»); Scherenschärfer «Rapid», eine Metallklammer mit Holzgriff, die beide Scherenschneiden gleichzeitig schärfte; Spirituskocher «Excelsior», bei ihm verbrannte der Spiritus nicht mit Hilfe eines Dochtes, sondern er wurde in ringförmige, innen gelochte und sich terrassenförmig nach oben erweiternde Metallbrenner eingelassen; je mehr man den Hahn aufdrehte, um so höher und breiter stieg der Spiritus, desto größer wurde die Flamme; Zusammensetzbare Bücher-, Akten- und Notenschränke; Mühle für Handbetrieb, sie mahlte 8 kg Getreide je Stunde, ideal im ländlichen Haushalt fürs Brotbacken.

Ausstellung in Berlin (1896 – A) Auf dem Kartenbild dominiert ein Aussichtsturm (im Text 70 m hoch) mit Fahrstuhl, «Thurmbahn» genannt. Der erste elektrische Fahrstuhl war 16 Jahre zuvor auf der Mannheimer Industrieausstellung vorgeführt worden (20 m Höhe), eine Konstruktion von *Werner v. Siemens,* der 1867 das dynamoelektrische Prinzip entdeckt hatte. Er ermöglichte somit auch, was der Kartenschreiber berichtet: «Eben soll der elektrische Scheinwerfer losgehen, da die Dunkelheit hereinbricht.» Im übrigen «wimmelt und kribbelt» alles. Technisches Interesse? Sicher für Dr. *Wölferts* lenkbares Luftschiff «Deutschland», das dann auf seinem Flug nach Wiesbaden explodierte. Sonst aber: «Die Leute amüsieren sich hauptsächlich über *Hagenbecks* Eisbären».

Ausgestelltes: Schreibmaschine «Blickensderfer», auch in einfacherer Form unter dem Namen «Niagara» mit Frontal-Typenrad als sogenannte Zeigermaschine; Patentierte Petroleumkanne mit einem Vorsatz am langen Gießer, der bewirkte, daß man die Flüssigkeit auch ins Feuer entleeren konnte, ohne daß die Flamme in die Kanne zurückschlug; «Blitzschneider», 10 runde messerscharfe Scheiben in je 3 mm Abstand auf einer Achse, mit denen Petersilie, Eier usw. geschnitten werden sollten; Schuh- und Stiefelhalter, an der Wand zu befestigen, der Schuh wurde draufgestülpt, mit einem Hebel festgeklemmt und konnte so bequem geputzt werden; Bronzeware in Form von Gas- und elektrischen Beleuchtungskörpern im aufkommenden Jugendstil.

Ausstellung in Genf (Genève) 1896 – S) Ansichtskarten dieser Art wurden stets bildseitig beschrieben, während die Kartenrückseite völlig für die Anschrift sowie Briefmarke verwendet wurde. Wie der Schreiber mitteilt, amüsiert man sich zur Nationalen Ausstellung «brillant» – warum auch nicht! Bemerkenswert sind auf dieser Karte die recht bizarren Bauten. Auf dem Teilbild oben rechts fällt etwas ins Blickfeld, was auf vielen damaligen Expositionen immer eine besondere Sensation darstellte: ein Fesselballon. Man ließ – gehalten an einem Seil, das mit einer maschinell betriebenen Winde auf- und abgerollt werden konnte – Personen im anhängenden Korb zu einem Blick aus der Vogelperspektive etwa 200 m hoch über das Ausstellungsgelände steigen. Solch ein luftiger Ausflug kostete meist 5,00 Mark.

Ausgestelltes: Klavier «Phonola» zum automatischen Spielen mit Hilfe von gestanzten Papierrollen; teleskopartig ausziehbare Fernrohre, dazu Stative, die auch für die gleichfalls gezeigten Fotoapparate mit verwendbar waren; Fotoapparate Goerz, Anschütz, Kodak; Buntglasimitationen, Tapeten, Linoleum, Wachstuche; Silberwaren, Bestecks; Handschuhe; Modellbaukasten «Leukos» für Kinder; Turnapparate, Schaukeln, Feldstühle, Armbrüste, Kindermöbel, Anker-Steinbaukasten; Universal-Werkzeugmesser «Brillant» mit gezähnter Schneide, Bohrer, Feile, Schraubenzieher, Ahle, Säge, Maßstab; Wursttranchierbrett «Famos», mit einer Führung, die das Schneiden von Wurst im Schrägschnitt erleichterte; Chinawaren, Seidenschuhe, Fächer. Und dazu – selbstverständlich – viele Uhren.

Ausstellung in Leipzig (1897 – S) Viele Firmen traten auf Ausstellungen in eigenen Pavillons auf, so auch die Firma Wolf aus Magdeburg-Buckau anläßlich der Sächsisch-Thüringischen Industrie- und Gewerbeausstellung 1897. Speziell mit ihren Kesseln für Lokomobilen bzw. ortsfesten Kleindampfmaschinen demonstrierte sie den Weltstand. Für Dampfkessel gibt es zwei Grundkonstruktionen: Entweder durchziehen wasserumspülte Heizrohre den Kessel oder im Verbrennungsraum befinden sich wasserdurchflossene Siederohre. Bei kleineren Anlagen – wie etwa bei Lokomobilen – zieht man meist die erste Bauart vor. Leider setzt sich bald von außen an den Rohren Kesselstein fest. Da die Rauchrohre in der Regel fest in die Wände von Feuerbüchse und Rauchkammer eingewalzt sind, bedeutet die Entfernung der die Wärmeübertragung und Wasserzirkulation hemmenden erwähnten Ablagerungen eine langwierige Angelegenheit. Anders bei den Wolfschen Kesseln: Bei ihnen war die ganze Rauchröhrenkonstruktion samt Feuerbüchse aus dem Kessel herausziehbar – während sonst durch kleine verschließbare Kesselöffnungen (Luken) den Kesselsteinablagerungen auf der Heizoberfläche zu Leibe gerückt werden mußte. Für den rauhen Lokomotivbetrieb eignete sich Wolfs Prinzip allerdings nicht. Dort versucht man vielmehr, die kesselsteinbildenden Wasserbestandteile durch Chemikalien auszufällen und den Kesselschlamm turnusmäßig abzulassen. Dieser ist übrigens im Gegensatz zur schmutzigen Lok auffallend weiß.

Ausstellung in Paris (1900 – S) Der Absender der Karte teilt mit, daß er in Paris schöne Zeiten verlebt habe und dasselbe nun auch für seinen Aufenthalt in London erwarte. Hoffentlich hat er sich dabei auch an den drei auf der Karte wiedergegebenen, im jeweiligen Nationalstil gehaltenen Bauten erfreut: links an dem Japanischen Palais, in der Mitte am Palais Persiens (Irans) und rechts an den geschwungenen Dächern des Chinesischen Palais. Die Darstellungen sind nicht nach Photographien entstanden, sondern – wie auch bei der Karte von Genf und der nachfolgenden von Leipzig – von Hand gezeichnet bzw. gemalt. In welcher Vielfalt sie vertrieben wurden, zeigt ein winziger gedruckter Vermerk ganz links: Serie 5 35 No 37. Doch wie wenige nur blieben erhalten!

Ausgestelltes: Straßenfeuermelder mit Telephon, Scheibe einschlagen, lautes Klingeln ertönt, damit Straßenpassanten aufmerksam wurden und kein Mißbrauch geschah; gespaltene Nägel, die sich in der Wand oder im Holz spreizten; Goliathschere mit gezahnter Schneide für dicke Stoffe; Odhnersche Rechenmaschine, Zahlenkolonnen einstellbar wie bei Registrierkasse, Handkurbel zum Drehen; Weihnachtsbaumfestgeläute, tanzender Engel, Baumlichthalter «Excellent»; Regenschirmboot, das kein an einem festen Mast befindliches Segel, sondern einen neigbaren großen Regenschirm als Segel hatte, so daß das Boot angeblich nicht kentern konnte, weil der Schirmstock stets entsprechend zu neigen war (fast ein Vorläufer der heutigen Surfbretter).

Ausstellung in Zittau (1902 – L) Die Oberlausitzer Industrie- und Gewerbeausstellung von 1902 war mit einer Ausstellung für Gartenbau und Landwirtschaft verbunden. Welche Aufmerksamkeit die dort meist ländliche Bevölkerung dem Dargebotenen entgegenbrachte, offenbart der handgeschriebene Begleittext: «Heute Morgen per Rad nach Hier, aber sehr warm, doch in der Ausstellung lohnent, jetzt bald wieder zurück, noch sechs Stunden zu Fahren!» Die Karte gewährt im übrigen einen Eindruck vom damaligen Stand der Photographie: Alle Personen sind zu «Salzsäulen» erstarrt und verharren in Ruhe; denn damals waren sogenannte Momentaufnahmen nur bei sehr günstigen Lichtverhältnissen möglich. Und so mußten auch die beiden Rösser mehrere Sekunden stillhalten.

Ausgestelltes: Schnellwarmwasserbereiter (Gasboiler), auch mit Brausevorrichtung; «Weltwaage», eine Babywaage, zugleich mit Hilfe seitlicher Schale als Gemüse- und als Briefwaage benutzbar; Universalreisedecke «Couvertüre Pantalon», verwendbar als Decke und zusammengeknöpft als Hose (!); Taschenhandwärmer «Mikado» mit Holzgeist als Brennstoff; Elektropflug, zwei elektrisch betriebene Lokomobilen an beiden Seiten eines Feldes zogen wechselseitig mit je drei Pflugscharen bestückten Pflug (je Richtung ein Mann zur Steuerung nötig) an langen Seilen über das Feld hin und her; Sonnenkollektor mit Spiegeln, im Brennpunkt Wasserkessel, für ein Pumpwerk in Los Angeles bestimmt, erfunden von einem Amerikaner, allerdings noch ohne sonnenstandsgerechte elektronische Nachführung des Spiegels.

Ausstellung in Dresden (1903 – A) Das Interessanteste neben der im Jugendstil gehaltenen Ausstellungshalle (im Februar 1945 durch Luftangriffe zerstört) und der von Pferden zu ziehenden Feuerleiter ist sicher die leider etwas verdeckte Dampfspritze – hier nur am Schornstein erkennbar. Für den Spritzdruck sorgte eine Dampfpumpe, gespeist von einem Spezialkessel. Damit das Gefährt ständig einsatzbereit war, mußte Tag und Nacht geheizt werden. Später schloß man die Kessel an das Stadtgas an und hielt das Kesselwasser stets auf 100 °C. Bei Alarm wurde rasch auf Spiritusheizung umgeschaltet, und ab ging's mit Geklingel! War dann der Betriebsdruck erreicht, heizte man mit dem billigeren Koks weiter, u. U. schon während der Fahrt zur Brandstelle. Natürlich lag es nahe, den Kessel auch zur Versorgung einer Antriebsmaschine zu nutzen, um die teure Pferdehaltung einschränken zu können. Immerhin mußte eine großstädtische Feuerwehr über 100 Pferde füttern, um für Großeinsätze gerüstet zu sein. Reiche Erfahrungen im Bau von leistungsfähigen Dampfmobilen gab es genug; einige Zeit hielten diese gegenüber Benzinautos sogar die Geschwindigkeitsrekorde (1902 : 120 km/h, 1906 : 205 km/h). Dennoch gab es nach 1910 keinen Dampfantrieb für Feuerwehren mehr, man stellte sie auf Benzinmotoren bzw. Elektroantrieb um. Für die Spritzeinrichtung wurde allerdings noch längere Zeit das System mit Kessel-Dampfpumpe benutzt. Insgesamt hielt sich das Dampfmobil bei der Feuerwehr noch am längsten.

Technisches auf alten Briefumschlägen und Karten

… und auf noch einigen anderen Informationsträgern, muß man wohl anfügen, wenn man die hiernach noch vorgestellten papiernen Zeugen vergangener Tage richtig interpretieren will. Wir haben sie mit angefügt, um einige noch nicht gewürdigte technische Erzeugnisse vorstellen zu können. Auch sollen die Leser aufgefordert sein, vielleicht in ihrem Besitz befindliche ähnliche Belege nicht achtlos wegzuwerfen, sondern interessierten Stellen (Sammlern, Museen) zuzuführen. Allerdings überschreiten wir mit diesen Belegen ein wenig die von uns selbst gesetzten zeitlichen Begrenzungspunkte bis in die zwanziger Jahre hinein, weil vordem technische Darstellungen auf Briefumschlägen usw. nur höchst selten vorkamen (ausgenommen Fabrik- und Städtedarstellungen sowie Medaillen). Daß nun in größerem Maße nach dem ersten Weltkrieg auch Produktionsergebnisse wie Werkzeuge oder Maschinen auf Briefumschlägen, Karten sowie Briefbögen dargestellt wurden, ist Ausdruck des Strebens vieler Unternehmungen, durch das Bekanntmachen ihrer Waren auf solchen Medien die Belebung der Nachkriegswirtschaft zu forcieren, also im ureigensten Interesse neue Werbemöglichkeiten zu erschließen.
Als relativ seltenen Ausnahmefall, daß schon früher ein technisches Erzeugnis auf einem alten Dokument zu sehen ist, beginnen wir unsere kleine Auswahl mit einem

Postreiseschein von 1847, dessen schlichter Text durch die hübsche Zeichnung einer alten Postkutsche jenen romantischen Anstrich erhält, den noch heute viele Menschen als für die damalige Zeit typisch betrachten. Daß eine solche Reise in einer klappernden, schwankenden Kutsche über Stock und über Stein alles andere als ein Vergnügen, ja nicht selten sogar lebensbedrohend war, ist durch viele Reiseberichte aus damaliger Zeit bewiesen.

Gute Straßen waren daher schon im Altertum gefragt. Bereits die durch ihre «Hängenden Gärten» berühmte assyrische Königin *Semiramis* (800 v. u. Z.) soll Kunststraßen haben anlegen lassen. Geradezu klassisch war der Straßenbau der Römer, und das Wort «Straße» stammt auch aus dem Lateinischen (von viam sternere; einen Weg hinstrecken, weil zuerst Bäume gefällt, hingestreckt werden mußten. Aus sternere entstand strata; Straße; die Hingestreckte). Auch Flüsse bezeichnete man damals übrigens als Straßen, was den heutigen Begriff der Wasserstraße erklärt. Kaiser *Sigismund* (1361 bis 1437) nutzte für den Straßenbau Strafgelder von Ehebrecherinnen und anderen Sündern: «Was do die Unzüchter einnehmen, das soll auf die Ebenen und in die Pfitzen gebracht werden … so wird das sündig Geld zu guten braucht, und wird die Sünd vertreten». Landgraf *Philipp der Großmütige* von Hessen prägte um

1525 das Wort: «Man soll einen Fürsten kennen bey reiner Strassen». Chausseen entstanden in Form von Fahrwegen, die mit einer festen Decke versehen waren, um 1730 in Frankreich. Die erste deutsche Chaussee verlief um 1750 zwischen Nördlingen und Öttingen (Riesgau). Große Verdienste um den Straßenbau in Preußen erwarb sich der *Freiherr* v. u. z. *Stein* (1757 bis1831). Der englische Straßenbaubeamte *John Loudon McAdam* (1756 bis 1836) veranlaßte schließlich den Bau fester Straßen, indem er mehrere Lagen verschieden großer Steine und Splitt aufbringen ließ (heute Straßen mit Makadamdecke genannt). Doch solche Kunststraßen blieben bis weit über die Mitte des 19. Jahrhunderts in der Minderzahl; man fuhr vielfach noch lange «über Stock und über Stein».

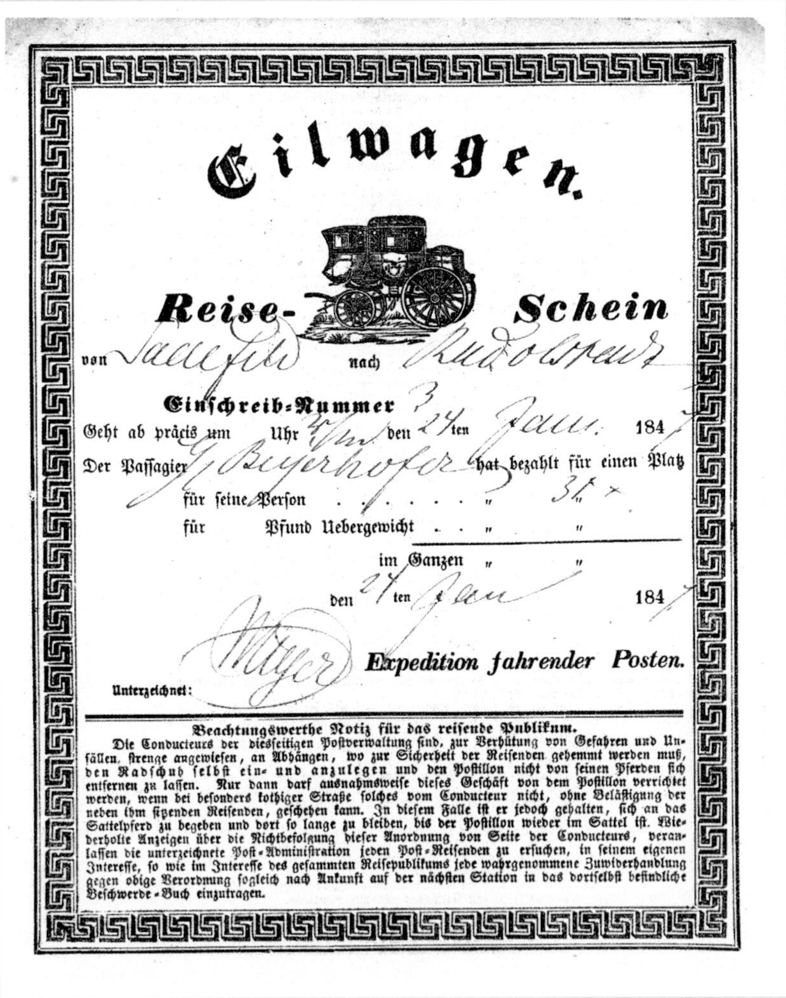

Eilwagen.

Reise- Schein

von Saalfeld nach Rudolstadt

Einschreib-Nummer 3

Geht ab präcis um Uhr den 24ten Jan. 1847

Der Passagier G. Beyerhofer hat bezahlt für einen Platz

für seine Person . . . . . . „ 31 x

für Pfund Uebergewicht . . . „ „

im Ganzen „ „

den 24ten Jan 1847

Unterzeichnet: Meyer

Expedition fahrender Posten.

Beachtungswerthe Notiz für das reisende Publikum.

Die Conducteurs der diesseitigen Postverwaltung sind, zur Verhütung von Gefahren und Unfällen, strenge angewiesen, an Abhängen, wo zur Sicherheit der Reisenden gehemmt werden muß, den Radschuh selbst ein- und anzulegen und den Postillon nicht von seinen Pferden sich entfernen zu lassen. Nur dann darf ausnahmsweise dieses Geschäft von dem Postillon verrichtet werden, wenn bei besonders kothiger Straße solches vom Conducteur nicht, ohne Belästigung der neben ihm sitzenden Reisenden, geschehen kann. In diesem Falle ist er jedoch gehalten, sich an das Sattelpferd zu begeben und dort so lange zu bleiben, bis der Postillon wieder im Sattel ist. Wiederholte Anzeigen über die Nichtbefolgung dieser Anordnung von Seite der Conducteurs, veranlassen die unterzeichnete Post-Administration jeden Post-Reisenden zu ersuchen, in seinem eigenen Interesse, so wie im Interesse des gesammten Reisepublikums jede wahrgenommene Zuwiderhandlung gegen obige Verordnung sogleich nach Ankunft auf der nächsten Station in das dortselbst befindliche Beschwerde-Buch einzutragen.

Briefkopf einer chemisch-technischen Fabrik Die nüchternen Angaben der Firma und ihres Besitzers lassen sich auf diesem Briefbogen leicht ablesen, wobei die Verwendung von nicht weniger als fünf völlig verschiedenen Schriftarten (und diese z.T. noch in verschiedenen Größen) auffällt. Man wollte offenbar durch solchen Variantenreichtum guten Eindruck erwecken. Ungleich aussagestärker sind bildliche Darstellungen auf Briefköpfen, anfänglich (wie hier) mit der Abbildung des Firmengebäudes im Hintergrund und des Wohnhauses seines Besitzers im Vordergrund – Prototyp eines mittelgroßen, in den Gründerjahren entstandenen Unternehmens. Der Garten vor der Villa und dem Verwaltungsgebäude, dazu (rechts am Grundstücksrand) noch ein Pavillon, geben dem Ganzen den Anstrich soliden, festgefügten Besitzbürgertums. Die Seriösität der Firma wird außerdem unterstrichen durch Wiedergaben der Vorder- und Rückseiten (Avers und Revers) von auf Ausstellungen errungenen Medaillen. Das links gezeigte Exemplar stammt von der Allgemeinen deutschen Gewerbe- und Industrie-Ausstellung Wittenberg, das rechte mit Jahreszahl 1867 von der Industrie-Ausstellung zu Chemnitz. Außerdem sehen wir die edlen Häupter der Protektoren (Schirmherren) der Expositionen: Kronprinz von Preußen, *Friedrich-Wilhelm* (Sohn Kaiser *Wilhelms I.* und später selbst 99-Tage-Kaiser *Friedrich III.)* und *Johann* (von Gottes Gnaden; v.G. G.) König von Sachsen. Erzeugt wurden Öl-, Lack- und Weingeistfirnis, gehandelt hat man mit Farbwaren und Polstermaterial

Derartige Briefköpfe sind typisch für die Gründerjahre. Nicht wenige davon können als kleine graphische Kunstwerke gelten, wozu wir aber den hier gezeigten nur bedingt rechnen dürfen, weil u. a. die perspektivischen Linien wahrhaftig nicht stimmen. Die nach hinten strebenden Linien der Häuser fluchten nicht nach den Gesetzen der Perspektive dem daher sogenannten Fluchtpunkt zu, sondern verlaufen in völlig verschiedenen Richtungen. Besonders an den vorn stehenden Gebäuden wird das deutlich.

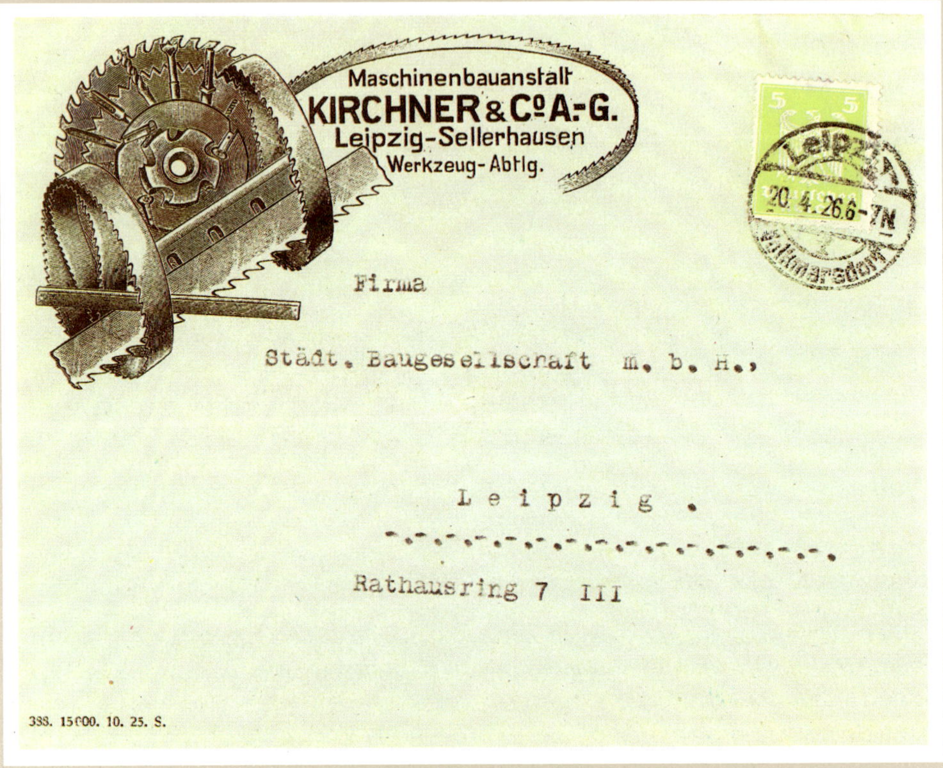

Säge Zu den ältesten Arbeitsmitteln gehören Sägen. Bis 1900 waren die wesentlichsten und noch heute gebräuchlichen Sägearten erfunden. Metallsägen haben sehr enge Zähne (fünf bis zehn auf einen Zentimeter), und ihr Blatt soll an den Zähnen etwas dicker sein als am Rücken; daher werden ihre Zähne im allgemeinen nicht geschränkt, – ein Zahn nach links, der nächste nach rechts usw. Das ist nur bei Holzsägen nötig, wobei deren Zähne in verschiedenster Weise geformt sein können, etwa als ungleichseitiges oder als gleichseitiges Dreieck. Auch kann man immer zwei Zähne so gestalten, daß ein Paar die Form eines M hat und zwischen zwei Paaren eine Lücke bleibt (Stockzähne). Einige andere Zahnformen sowie Fräser und verschiedene Bohrer läßt der Firmenbrief hierüber erkennen. Geschärft werden Sägen mit einer Feile von Hand oder maschinell mit einer Schärfmaschine. Es gibt Sägen ohne Spannung und Spannsägen. Bei letzteren sind die Blätter in einen Rahmen eingesetzt und müssen gestrafft werden. Manche Sägen schneiden nur in einer Richtung, andere in beiden. Drahtsägen dienen zum Schneiden von Mineralien (Gips), Kettensägen zum Fällen von Bäumen. Spezialsägen sind auch in der Medizin (Chirurgie), zum Steinsägen und in der Feinwerktechnik üblich. Gemeinsam ist allen Arten und Größen: sie müssen scharf sein!

Waagen dienen zur Massebestimmung von Gegenständen. Prinzipiell mißt man mit Waagen Kräfte und beobachtet ihre Wirkungen. Da aber Massen auf der Erde unter Einfluß des Schwerefeldes eine zum Erdmittelpunkt gerichtete Kraft (das Gewicht) auf ihre Unterlage, z. B. eine Waagschale, ausüben, und zwischen Masse sowie Gewicht Proportionalität besteht, kann man die Kräfte vergleichenden Waagen gleich in Masseneinheiten eichen. Früher machte man im Alltag wie in der Technik weniger Unterschiede als heute und gab sowohl Massen als auch Kräfte gleichermaßen in «Kilogramm» an, was auch heute noch vielfach ausreicht. Es gibt viele Möglichkeiten, die Wirkungen von Gewichtskräften qualitativ zu bestimmen: mit zweiseitigen gleicharmigen Hebeln und geeichten Wägestücken (z. B. Apothekerwaage), mit ungleichseitigen Hebeln sowie Wägestücken (z. B. Dezimalwaage), mit ungleichseitigen Hebeln und rastenden oder stufenlos verschiebbaren Laufgewichten (z. B. Babywaage), mit ausschwenkbaren «Neigungshebeln» (z. B. Gepäckwaage), durch mechanische Verformung von Federn oder Torsionsstäben sowie durch Auswirkungen auf elektrische Größen, Volumina von Gasen oder Flüssigkeiten usw. Neben solchen Einteilungen nach dem Meßprinzip gibt es weitere, z. B. nach dem Verwendungszweck, der Genauigkeit, der Art der Lastträger (etwa Tafelwaagen oder Kranhakenwaagen).

Betonmischer als Anhänger Beton ist ein Gemenge aus Bindemittel (Zement, Kalk oder Asphalt), Zuschlagstoffen (Sand oder Kies) und Wasser. Der Beton wird in weichem Zustand in Holzschalungen eingeschüttet und erhärtet dann an der Luft. Je nach dem Bindemittel kennt man z. B. Portland-, Hochofen- oder Sulfathüttenbeton; nach den Zuschlägen spricht man von Leichtbeton, Schwer- und Schwerstbeton, auch von Hart- oder von Magerbeton; nach der Herstellung von Stampf- oder Gußbeton, Pump- oder Preßbeton, Spritz- oder Schleuderbeton u. a. Bringt man ein Metallgeflecht in die Betonmasse mit ein, dann handelt es sich um Eisenbeton, der besonders zugfest ist. Um die Betonmasse herzustellen, muß man ihre Bestandteile gut mischen. Bei größeren Mengen geschieht das mit Maschinen. Es gibt Freifallmischer, bei denen sich die Mischtrommel dreht (s. Bild). Zwangsmischer haben eine feststehende Trommel, in deren Innerem sich die Mischflügel drehen. Die Abbildung läßt oben über der Trommel das Wassergefäß erkennen, während über die schräge Bahn rechts der Zement und die Zuschlagstoffe über einen seilzugbetriebenen Behälter nach oben in die Mischtrommel gelangen. Deren Entleerung geschieht durch Kippen der Trommel oder durch Gegendrehen, wobei die Betonmasse nach außen fällt.

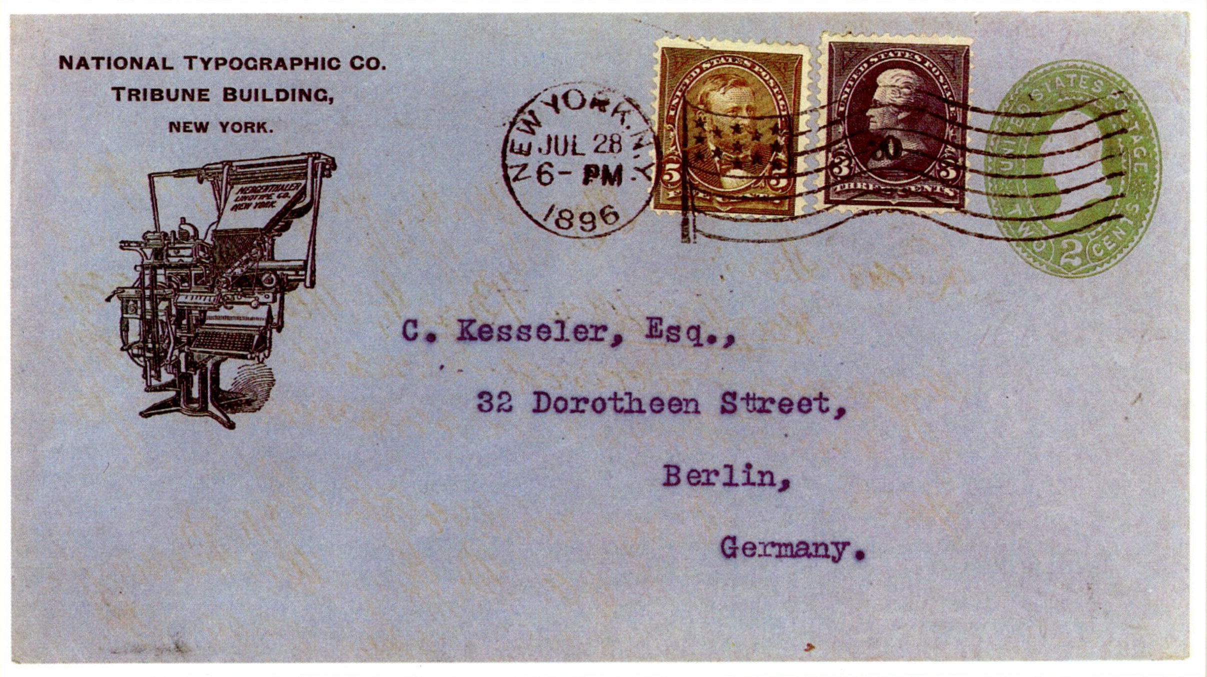

Linotype-Setzmaschine Die Erfindung der Linotype- (Zeilenguß-) Setzmaschine wurde von den Druckern der ganzen Erde als «erlösende Tat» empfunden – in ihrem Stellenwert fast an die Erfindung der beweglichen Satzbuchstaben durch *Gutenberg* erinnernd. Der Konstrukteur der Maschine hieß *Ottmar Mergenthaler*, ein deutscher, 1872 nach Amerika ausgewanderter Uhrmachergehilfe (1854 bis 1899). Vor seiner Erfindung war es nicht durchschlagend gelungen, den Schriftsatz maschinell vorzunehmen. Alle Versuche, Setzmaschinen zu konstruieren, blieben Stückwerk; so auch die Bauarten von *Kastenbein* und *Thorne*. Sie konnten nur endlose Zeilen setzen. Danach war für das Gießen der Schrift noch ein zweiter Arbeitsgang, das Ausschließen, unabdingbar, d. h., der aus einzelnen Typen bestehende Satz mußte in Zeilenlängen geteilt werden, wozu das Einfügen von unterschiedlich breiten Wortzwischenräumen und das Abteilen der Worte gehörten. Nach dem Abguß der Typen war es nötig, sie wieder in die zugehörigen Fächer abzulegen. Diese Schwierigkeiten beseitigte die neue Konstruktion von *Mergenthaler*. Bei seiner Zeilengußmaschine hat der Setzer eine Tastatur vor sich, die der einer Schreibmaschine ähnelt. Aus Behältern mit Buchstabenmatrizen, den Magazinen, gleiten die getasteten Einzeltypen zu einer Zeile zusammen. Danach werden mit Hilfe von Keilen die Worte so weit auseinandergedrückt, daß die Zeilen alle die gleiche Breite erhalten. Alsdann findet der Bleiguß statt – es entsteht eine silberglänzende Gußzeile. Die Firma Typograph baute später eine verbesserte Setzmaschine. Bei ihr haben die Matrizen Stabform und sind an Drähten aufgehängt, über die nach Umkippen des «Korbes» (Matrizenträgers) die Typen nach dem Guß in ihre Magazine zurückgleiten. Das Wieder-Einsortieren geschieht mechanisch.

Tiegeldruckpresse Eine Eisenplatte, die man Tiegel nennt, übt bei dieser Buchdruckpresse den Druck aus. Die Tiegeldruckpresse ist im Prinzip eine mechanisierte Handpresse. Jene ermöglichte schon vor Erfindung der Buchdruckerkunst mit beweglichen Lettern den Druck einzelner Blätter mühsam von Hand. Nun ging alles viel schneller maschinengetrieben vor sich, und zwar einschließlich der Papierzu- und -abführung. Allgemein dienen Tiegeldruckpressen für Auflagendrucke kleinformatiger Druckerzeugnisse aller Art. Doch auch die Handpresse wird noch heute genutzt, allerdings nur für Einzelabzüge hochwertiger Drucke. Besonders schwere Tiegel werden für Prägedruck und fürs Stanzen eingesetzt. Die dargestellte Maschine ist eine Schnellpresse. Sie weist statt einer flachen Druckform einen zylindrischen Druckkörper auf. Dies hat den Vorteil, daß der Abdruck nicht auf einmal von der ganzen Platte stattfindet, sondern gewissermaßen zeilenweise je nach Bewegung des Zylinders. Damit wird der Druck größerer Formate bei viel geringerem Kraftaufwand möglich. Von beiden Tiegelpressentypen existieren mannigfaltige Bauarten; so können z. B. die einfachen Schnellpressen von Zweitourenmaschinen unterschieden werden. Man beachte die technischen Detailangaben unten links auf dem Briefumschlag, der somit zugleich bereits die Funktion eines Werbematerials erhielt, das bei solch exakter Form seine Wirkung sicher nicht verfehlte.

Typendruck-Apparat Mit dem abgebildeten Gerät präsentieren wir keine «umwälzende technische Errungenschaft» von Anfang der zwanziger Jahre, wohl aber eine Vorrichtung, die man durchaus schon unter den Sammelbegriff «Rationalisierungsmittel» einordnen kann. Besonders nach der Jahrhundertwende gab es derartige Dinge von sehr differenzierter Wichtigkeit in großer Zahl. Fast jede Nummer einer illustrierten Zeitschrift oder z. B. die Bändchen der seinerzeit sehr verbreiteten «Bibliothek der Unterhaltung und des Wissens» publizierten eine oder mehrere Neuerungen – angefangen vom halbautomatischen Stiefelauszieher oder einer neuartigen Badewanne «Reform» über allerlei Maschinchen für den gutbürgerlichen Haushalt bis hin zu einem Typendruck-Apparat wie dem hier gezeigten. Dabei traten Erfinder und Leute, die sich dafür hielten, in großer Anzahl auf den Plan, um vielleicht mit ihrem Geistesprodukt «den großen Wurf» zu tätigen, der ihnen großen Wohlstand verschaffen könnte. Die meisten ihrer Geistesprodukte – oft auf Rummelplätzen lautstark angepriesen – konnten sich indessen nicht behaupten, wogegen der hier abgebildete Druckapparat sicher nicht zu den Erzeugnissen gehörte, die allzurasch wieder verschwanden. In vielen Branchen werden ja Etiketten benötigt. Der Apparat arbeitete mit auswechselbaren Schrifttypen.

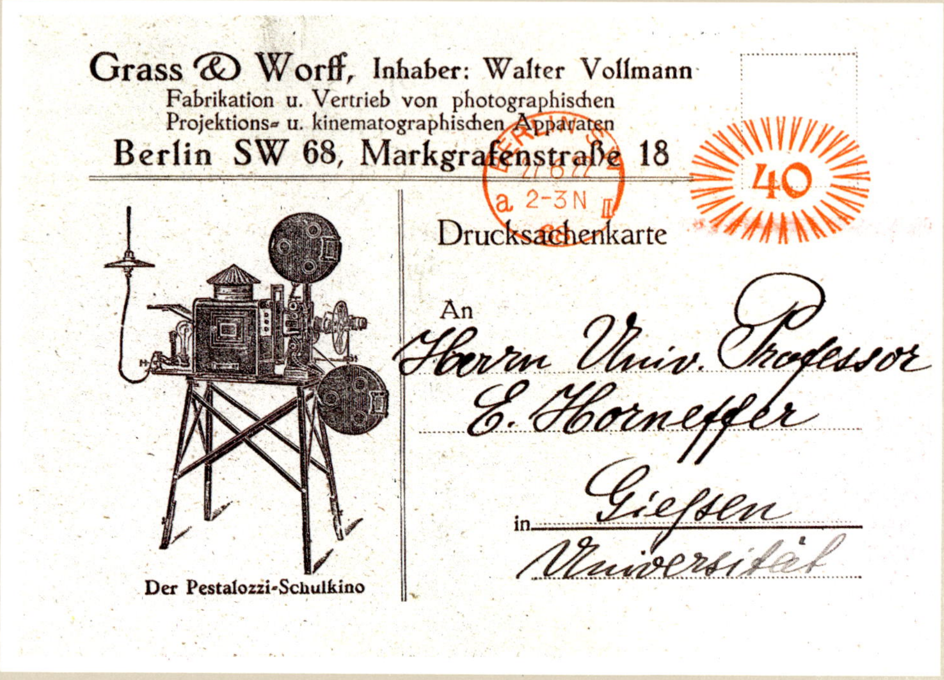

Filmvorführapparat (Schulkino) Bereits vor dem ersten Weltkrieg waren «bewegte Bilder» wahre Zauberworte. Der gezeigte Filmvorführapparat, «Der (!) Pestalozzi-Schulkino» genannt, wird von Hand mit einer Kurbel angetrieben. Die Kunst bestand darin, jene möglichst gleichmäßig und mit einiger Ausdauer zu drehen; denn ein Filmrollendurchlauf dauerte immerhin bis zu 20 Minuten. Bei Theaterprojektoren geschah das zu dieser Zeit schon elektromotorisch. Der Filmstreifen wird dabei von einem Greiferwerk ruckweise transportiert. Für Schulzwecke genügen einfache Schlägermechanismen, d. h., ein Bügel drückt bei jeder Umdrehung in einer Schleife den Film um eine Bildhöhe weiter. Vor dem Objektiv erkennt man eine Zweisektorenblende, die sich dreht und dabei regelmäßig den Strahlengang des Lichtkegels unterbricht. Bekanntlich basiert der Bewegungseffekt beim Film auf der Trägheit der Netzhaut des menschlichen Auges: Sie empfindet Bildeindrücke noch etwa $^{1}/_{15}$ Sekunde nach. Innerhalb dieser Zeit muß also das Bild gewechselt werden, dann gehen die Eindrücke ineinander über. Anfangs arbeitete man mit 16 Bildwechseln je Sekunde, dann bald mit 24. Aber auch durch diese Erhöhung verschwand das Bildflimmern noch nicht. Daher unterbrach man mit der Blende den Lichtstrom nicht nur beim Bildwechsel, sondern noch je Bild einmal (später zweimal) zusätzlich, bis eine scheinbare Bildwechselzahl von 3 mal 24, das sind 72 je Sekunde, die für eine Filmkunstentwicklung nötige völlige Flimmerfreiheit brachte.

Elektrische Glühlampe Wiederholt war – z. B. auf den Karten zu Ausstellungen – das elektrische Licht als besondere Attraktion jener Tage erwähnt worden. In der Tat begann nach der Jahrhundertwende die Installation des elektrischen Lichtes in Produktionsstätten und auch schon in Wohnungen der Städter. Eine Glühlampe ist ein luftleerer oder mit Gas (z. B. mit Stickstoff oder Argon) gefüllter Glaskörper mit einem Glühteil. Dieser bestand anfänglich aus einem Kohlefaden und schließlich aus langgespanntem Wolfram-Osmium-Draht. Zum Erhöhen der Leuchtkraft wurde der Draht später zu einer feinen Wendel und schließlich gar zur Doppelwendel zusammengedreht. Erfinder der Glühlampe sind in Deutschland *Göbel,* in Rußland *Lodygin*; 1879 brachte der Amerikaner *Edison* dann die Glühlampe zur praktischen Verwendbarkeit. Ihr Siegeszug und der der gesamten Elektrotechnik (jener Begriff wurde 1879 von *Werner v. Siemens* geprägt) war unvergleichlich. Großbetriebe dieser Branche wuchsen empor, die das Leben der Menschen durch ihre Produkte weit «sichtbarer» verändern halfen, als dies im 18. Jahrhundert durch die Dampfmaschine geschehen war. Ganze Beleuchtungsnetze entstanden, elektromotorische Antriebe zogen in die Fabriken ein, die erste elektrische Bahn fuhr (1879), die Nachrichtentechnik verbreitete sich weiter, wobei auch drahtlose Nachrichtenverbindungen bereits im Gespräch waren mit Begriffen wie Antenne, Detektor (als erstes praktikables Halbleiterbauelement!) und elektromagnetische Wellen.

Literatur- und Quellenverzeichnis

Alberts, G.: Moderne Ventilationseinrichtung. – In: Bibliothek der Unterhaltung und des Wissens. 7. Jg.-Stuttgart, 1903

Albs, E.: Der Ausbau des Elbestroms als Wasserstraße. – In: Jahrbuch der Schiffahrt 1974. – Berlin, 1974

Allgemeine Geschichte der Technik. – Leipzig, 1981

Autos im Museum. – In: Der Deutsche Straßenverkehr. – Berlin (1982) 9

Bek, J.; Kvarda, K.: Atlas Lokomotiv, Bd. 1. – Praha, 1970

Berdrow, W.: Buch der Erfindungen. – Leipzig, 1901

Brockhaus ABC Naturwissenschaft und Technik. – Leipzig, 1968

Bürki, S.: Die Schweizerischen Bundesbahnen. – In: Eisenbahn-Jahrbuch 1967. – Berlin, 1967

Bürki, S.: Die Bergbahnen im Berner Oberland. – In: Eisenbahn-Jahrbuch 1977. – Berlin, 1977

Das Deutsche Eisenbahnwesen der Gegenwart. – Berlin, 1911

Der Harz. Brockhaus-Reisehandbuch. – Leipzig, 1971

Die Berliner S-Bahn. – Berlin, 1968

Duffner, R.: Das Posthaus im Wandel der Zeiten. – Berlin, 1936

Gränz, P.; Kirchberg, P.: Bei Bedarf oben ohne. – In: Motor-Jahr 1977. – Berlin, 1977

Gränz, P.; Kirchberg, P.: Bindeglieder zwischen Aufbau und Achsen. – In: Motor-Jahr 1978. – Berlin, 1978

Gränz, P.; Kirchberg, P.: Bindeglieder zwischen Fahrzeug und Fahrbahn. – In: Motor-Jahr 1979. – Berlin, 1979

Gränz, P.; Kirchberg, P.: Quellen und Verbraucher. – In: Motor-Jahr 1979. – Berlin, 1976

Gränz, P.; Kirchberg, P.: Renaissance des Dampfwagens. – In: Motor-Jahr 1972. – Berlin, 1972

Grötzsch, R.: Zur Geschichte der Göltzsch- und Elstertalbrücke. – In: Der Modelleisenbahner. – Berlin 26 (1977) 6

Hanisch, W.: Kanäle verbinden Ozeane. – In: Jahrbuch der Schiffahrt 1965. – Berlin, 1965

Hille, F.: Die alten Leipziger Bahnhöfe. – In: Der Modelleisenbahner. – Berlin 19 (1970) 3, 6

Hille, H.: Louis Godard flog Reklame für August Polich. – In: sammler express. – Berlin 24 (1971) 4, 5

Hille, H.: Über Stock und über Stein. – In: Philatelie – Ideen, Regeln, Erfolge. – Berlin, 1982

Hille, H.: Vom Postblatt zur Ansichtskarte in 3-D-Druck. – In: Sammeln und Gestalten. – Berlin, 1972

Historischer Führer. – Leipzig; Jena; Berlin, 1981

Kirsche, H.-J.: Bahnland DDR. – Berlin, 1981

Kleine Enzyklopädie Technik. – Leipzig, 1970

Klug, P.: Rettende Lichter. – In: Jahrbuch der Schiffahrt 1973. – Berlin, 1973

Kühnlenz, G.: Reminiszenz an einen Oldtimer – die elektrische Kleinbahn im Mansfelder Bergrevier. – In: Der Modelleisenbahner. – Berlin 27 (1978) 1

Leipzig und seine Bauten. – Leipzig, 1892

Löper: Die Straßen, die Wege und die Posteinrichtungen. – In: Archiv für Post- und Telegraphie, 11, 12, 14. – Berlin, 1877

Maedel, K. E.: Die deutschen Dampflokomotiven gestern und heute. – Berlin, 1966

Meyers Konversations-Lexikon. – Leipzig, 1874

Meyers Neues Lexikon. – Leipzig, 1961

Montanus, E.: In der rheinischen Metropole. – In: Bibliothek der Unterhaltung und des Wissens. 1. Jg. – Stuttgart, 1899

Müller, H.:Neostile. – Leipzig, 1979

Müller, H.: Zur Architektur von Empfangsgebäuden – eine kunsthistorische Betrachtung. – In: Eisenbahn-Jahrbuch 1967

Neptune, dernière grande barque du Léman, Genève. Natural Le Coultre S. A., o. J.

Neuburger, A.: Erfinder und Erfindungen. – Berlin, 1921

Neunkirchen, H.: Seefahrt gestern und heute. – Berlin, 1970

Pertzsch, R.: Es hat gezündet. – In: Motor-Jahr 1975. – Berlin, 1975

Pfeiffer, K.: Neubau der Trisannabrücke. – In: Der Modelleisenbahner. – Berlin 14 (1965) 3
PS-Veteranen. – Berlin, 1965
Sachs, C.: Handbuch der Musikinstrumentenkunde. – Leipzig, 1930
Säuberlich, O.: Buchgewerblich-graphisches Lexikon. – Leipzig, 1949
Schmitt, G.: Als die Oldtimer flogen. – Berlin, 1980
Schuchardt, A. G.; Illner, G.: 50 Jahre Leipziger Hauptbahnhof. – Berlin, 1965
Sonnemann, R.: Geschichte der Technik. – Leipzig, 1978
Spranger, F.: Standseilbahnen für den Personenverkehr. – In: Eisenbahn-Jahrbuch 1966. – Berlin, 1966
Spranger, F.: Über Zahnradbahnen. – In: Eisenbahn-Jahrbuch 1968. – Berlin, 1968
Skeib, G.: Antarktika. Leipzig; Jena; Berlin, 1965
Starke, W.: In Europas größtem Denkmal. – In: Urania-Universum, Bd. 2. – Leipzig; Jena, 1956
Tausendjähriges Budapest. – Budapest, 1970
Technische Denkmale in der DDR. – Berlin, 1973
Tesch, U.: Viermastbark «Passat» auf Sonderstempel. – In: Sammlerdienst. – Coburg 32 (1981) 26
Trost, G.: Kleine Eisenbahn – ganz groß. – Berlin, 1957
Wagner, P.; Kroschwald, K. D.; Wagner, S.: Reisezugwagenarchiv. – Berlin, 1973
Wagner, R.: Sämtliche Schriften und Dichtungen. – Leipzig, 1911
Wehner, H.: A big game of bluff. – In: Jahrbuch der Schiffahrt 1979. – Berlin, 1979
Wehner, H.: Schiffe an der Kette. – In: Jahrbuch der Schiffahrt 1972. – Berlin, 1972
Wehner, H.; Schmädicke, J.: Schiffe mit Schaufelrädern. – In: Jahrbuch der Schiffahrt 1974. – Berlin, 1974
Wille, H. H.: PS auf allen Straßen. – Leipzig; Jena; Berlin, 1980
Wissmann, G.: Geschichte der Luftfahrt. – Berlin, 1960
Wo blieben unsere Zeppeline? – Stuttgart, 1929